SHOEISHA

＼サクッと学べ

デザイン
心理法則
108

321web
（三井 将之）

はじめに

私たちは毎日、インターネット・テレビ・街の中など多くの場所で心理効果を使ったデザインに触れ、無意識のうちに影響を受けています。

デザインというと見た目の美しさをイメージしがちですが、デザインはアートではありません。

デザインの根本的な役割は問題解決にあります。

「ついつい買ってしまう商品」「満足感のあるサービス」「使い勝手の良いアプリケーション」など、意思決定を誘導するものから人のためになるものまであらゆるデザインに心理学が意図的に使われています。

身近な心理・法則はデザインをする側だけでなく、消費者の立場としても覚えておくべきでしょう。

消費を促すための仕組みを知っておくだけでも、自分の心理状態を冷静に把握することができるようになるので賢い消費や節約につながります。

デザイナーやマーケターはAI時代でも求められる人材になるために、心理法則を使って効果的かつ説得力のあるデザインを作っていく必要があります。

本書では影響力のあるデザインに欠かすことができない心理効果や法則を紹介します。

心理学に馴染みがない初心者にも読みやすいように1ページ単位で簡潔にまとめてあるので自身のデザインに取り入れられそうなものがないか探してみてください。

Contents

CHAPTER 01 心理効果の使用例

CHAPTER 02 デザインに使える心理効果

CHAPTER 03 錯視効果

CHAPTER 04 色彩効果

CHAPTER 05 # レイアウト

CHAPTER

01

心理効果の使用例

心理効果やデザインの法則は
日々私たちの身近にあります。
消費者に行動を促したり便利にしたり
日常生活に欠かすことができない存在です。

本章の構成

本章では心理効果や法則がどのように使われているのかイメージしやすいように使用
例付きで簡潔に解説しています。
それぞれの効果の詳細についてのページも記載しているので詳細は個々のページをご
覧ください。

具体例と使い方のポイント　　　　　　　　　　　　心理法則とナンバリング

掲載ページガイド　　　　　　　　　　　　　　　　補足説明

CASE
01

Webサイトは目的に応じて印象や
動線を整えることで伝わりやすくなる

100 ヤコブの法則

ページ左上のロゴをクリックしたらトップページに戻ると過去の体験から判断してもらえるので利便性が高まります。

`P.131`

06 ホワイトスペース効果

余白を多めに取ることで高級感の演出や視線誘導効果が期待できます。

`P.031`

01 クレショフ効果

おしゃれなインテリアや開放的なテラス席のイメージ写真によって商品にもおしゃれな印象を持ちやすくなります。

`P.026`

78 色の対比

明度差によって文字の視認性を損なわずに読むことができます。

`P.105`

05 ハロー効果

トッププロが在籍していることや権威ある賞を受賞していることを掲載することで説得力や信頼性が向上します。

`P.030`

83 色によってイメージする味覚

高級感やコーヒーの食品イメージを損なわない黒や茶系の色をベースに使用しています。

`P.112`

生産者の声として写真やインタビューを掲載

カフェで飲むと
¥600~

ご自宅で淹れれば
たった ¥200

考え方の方向を変えるだけで安く感じる

今が旬のおすすめコーヒー

おすすめやランキングは3つ程度が選びやすい

ストーリーテリング

開発秘話や生産者の話など商品にまつわる物語を掲載することで記憶に残りやすい訴求ができます。(P47)

リフレーミング効果

家で飲むコーヒーとしては1杯200円はかなり高いと感じるけれども、カフェで飲む1杯600円のコーヒーと比較することで大幅に安いと感じさせることができます。(P54)

ヒックの法則

人は種類が多すぎる場合、選択に迷いどれも選ばない選択をしやすくなります。そのため、一度にたくさんの商品を表示せず3つ程度に厳選したラインナップにすることで商品を選びやすくなり、売れやすくなります。(P76)

高級コーヒーショップのWebサイト

一般的な相場よりも高い価格で販売する商品の場合は高級感や特別感を強調するような手法が多く取り入れられています。

ハロー効果や**リフレーミング効果**などによって商品の価格が高いことに納得してもらえるような情報提供も欠かせません。

CASE
02

情報のグルーピングと視線の流れを意識すると
見やすいデザインになる

❼ 視線誘導効果

写真の目線の先にタイトルを配置することで視線が向かいやすくなります。 P.032

❸ ベビーフェイス効果

赤ちゃんの写真を使用することで安心でクリーンな印象を与えます。 P.028

⓯ ラベリング効果

あなたは地域を支える人であるとポジティブなレッテルを貼ることで、ラベルの模範的な行動（寄付）を行ってもらいやすくなります。 P.040

❺ ハロー効果

公共団体や企業名を掲載することで信頼できる寄付団体であると認識してもらいやすくなります。 P.030

⓬ バンドワゴン効果

多くの人が支援をしており、賞など社会的に認められていることを示すことで他者に同調しやすくなります。 P.037

ワクチン
13人分

点滴
21人分

医療キット
1セット

活用例や金額に対する効果を具体的に説明

○ 金額や利用用途の具体例を掲載

例えば5,000円寄付したとしても、どのような用途・規模で使用されるのかイメージができません。金額に対してどのように使われているのか具体例を出すと効果的です。

賞や協賛企業団体などを掲載

○ 信頼感を上げる

寄付金を募る場合は「寄付先の団体が本当に信頼できるのか?」「成果はあるのか?」などの疑問を持つ人が多いので、**ハロー効果** (P30) や **バンドワゴン効果** (P37) を利用して信頼性を向上させるのが有効です。

寄付先のリアルな声を写真つきで掲載

○ リアルな声を届ける

寄付金がどのように使われるのか、役立っているのかどうかを伝えるために「支援企業の声」「支援された側の感謝の声」を掲載することで口コミと同じような**口コミ効果** (P64) が期待できます。

寄付支援のポスター

実績や協賛団体を掲載することで信頼感や安心感を与えます。

本やパンフレットなどで募集する場合は、物語として伝えることでより伝わりやすくなり、記憶に残る**ストーリーテリング** (P47) などの手法も有効です。

CASE
03

LPには購入を促すための
心理効果が多数使用されている

02 シャルパンティエ錯覚

15gではなく15000mgと
単位を変えるだけで配合
量が多い印象を与えるこ
とができます。　P.027

25 アンカリング効果

定価表記により価格の基
準が定まるため、値下げ
後の価格に対して安い印
象を与えることができます。
　P.050

天然成分で
肌輝く
30歳からの美容習慣

レチノール
15000mg
配合

SPECIAL CARE
肌輝クリームセット

通常価格 9,980円 → **3,980**円
初回限定

ご注文はこちらから
初回限定価格で購入する

発売からわずか1年で
多くの方からご愛用いただいております

エステサロン
保湿度ランキング
1位

美容クリーム
売上ランキング
1位

321web
特別賞
1位

07 視線誘導効果

写真の目線の先にタイト
ルを配置することで視線
が向かいやすくなります。
　P.032

20 プラシーボ効果

パッケージや容器で高
級感を出すことによって、
商品の中身も高品質で
あると感じやすくなりま
す。　P.045

12 バンドワゴン効果

多くの人が支持をしており、受賞な
ど社会的に認められていることを示
すことで他者に同調しやすくなりま
す。　P.037

24 プライミング効果

水の背景を使用すること
で保湿効果があるような
印象を与えることができ
ます。　P.049

2点セット
7,000円

3点セット
9,100円

4点セット
9,980円

中間商品を設定することで高額商品の魅力が高まる

○ 希望商品への誘導

2つのセットを販売するより、おとりとなる中間商品を追加することで**デコイ効果**(P39)が働き、高額商品が売れやすくなります。

売りたい商品には**ゴルディロックス効果**(P53)、**コントラスト効果**(P35)などさまざまな誘導効果が使用されています。

	ブロンズ	シルバー	ゴールド
新商品サンプル無料プレゼント	⊘	⊘	⊘
送料無料特典		⊘	⊘
お誕生日ギフトプレゼント			⊘

ステータスを設定し特典を用意する

○ ヴェブレン効果

継続年数や購入金額などによるポイント・ランク制度を導入することでステータスに価値が生まれ、顧客を引きつけやすくなります。(P29)

効果を実感できなければ全額返金いたします

安心実感

全額返金保証

返金保証によって失敗の不安を取り除く

○ 顧客の不安を取り除く

返金保証には効果がないものを買って損をしたくない心理を抑え、購入を促す強い効果があります。(P55)

また、保有することで当初の価値よりも高く感じる**保有効果**(P73)があるため、所有したものを手放す際には心理的抵抗が生じます。

LP（ランディングページ）

商品やサービスの購入を促すためのランディングページにはさまざまな心理効果が使用されています。

また商品の購入時だけでなく購入後も継続して利用してもらえるような会員制度への誘導や、追加で購入したくなるような心理効果もあります。

CASE

04

広告のターゲットを意識して
行動につながるような訴求を

㊵ カクテルパーティー効果
広告のターゲット層に興味を持ってもらうために視線が向きやすい左上にコピーやターゲットに関連する写真やイラストを配置。 P.065

㊻ デッドライン効果
締め切り期限を指定することで「今すぐに行動しなければ」と意識させることができます。 P.071

㊺ 端数効果
小数点以下まで数字を掲載することで信頼できる情報として認識してもらいやすくなります。
P.070

⑩⑥ Zの法則
最終的に視線が流れる右下にCTA（Call To Action ／行動喚起）ボタンを配置することで広告のクリック率上昇が期待できます。 P.137

バナー広告

広告に慣れた現代人はバナー広告は一瞬しか見ないため、パッと見ただけで「自分に関係しているものだ」と認識させる必要があります。

「なんの広告なのかわからない」とならないように内容が瞬時に伝わるようなキャッチコピーや写真を使用するのが効果的です。

CASE
05

目立たせたいポイントに視線が行くように
視線の流れを意識する

⑰ シンメトリー効果

メインビジュアルを左右対称のレイアウトにすることで好印象や美しさを感じやすくなります。 P.042

⑱ スノッブ効果

限定カラーや期間限定などで希少性を持たせることで他者と別のものを所有したい気持ちが生まれやすくなります。 P.043

⑩⑧ Nの法則

右上からN形状に視線が流れる視線パターンを使用しています。 P.139

⑩ コントラスト効果

CTAボタンに補色に当たる色を使用することで視線が行くようになります。 P.035

バナー広告

バナー広告はクリックしてもらうための施策が有効ですが、頻繁に見かけることが購買に繋がりやすくなる**単純接触効果**（P52）や直近で見た広告が商品選択に影響を与える**リーセンシー効果**（P51）なども期待できるため店頭販売などにも効果的です。

※ 化粧品関係は薬機法に注意してセールスコピーを考える必要があります。 効果を誇張するような表現には十分に注意してください。 参考（P141）

CASE
06

サムネイルは文字を詰め込まず
視線を捉えることを意識する

⑧ 指差し追従

手のひらの先に商品を
配置することで視線が
定まりやすくなります。

P.033

⑲ ツァイガルニック効果

伏せ字を使い、動画を見ないと答
えがわからないようにすることで
「動画を見なければ答えを知るこ
とができない」ことに心理的な抵
抗を感じさせる効果があります。

P.044

⑱ 対称の法則

対比構図にすることで
比較関係性が瞬時に
伝わります。 P.129

⑫ 対比の法則

全体的な文章量を少な
くし、文字を大きく表示
することで読んでもらい
たい部分をより強調する
ことができます。 P.123

YouTubeのサムネイル

動画投稿サイトでは数多くの動画のサムネイルが並んでおり、ユーザーはひと目
で見る動画を選択することが多くなっています。

数多くのサムネイルの中でも埋もれず、瞬時に情報を伝えるためにインパクトや
情報の取捨選択が重要になります。

サムネイル中に多くの文字を詰め込んでも読み込まれることはないのでパッと見
た際に伝わる程度の文字数に絞ると伝わりやすいサムネイルになります。

CASE
07

興味を引きつける心理効果で
見る気がないのに見てしまう

㉓ カリギュラ効果

閲覧注意と警告がある
ことで意思決定の自由
を制限されたと感じ、
反発したくなる心理を
利用した警告表示。

P.048

⑨ 矢印効果

矢印によって見せたいポ
イントに直接視線を誘導
することができます。

P.034

⑲ ツァイガルニック効果

モザイクで中途半端に隠すことで
内容を知りたい心理が強まります。

P.044

㉟ 認知的不協和

矛盾していることや、常
識と矛盾する正反対の
主張をすることで認知
的不協和を生み出し、
興味を向けさせることが
できます。 P.060

エンタメ系動画のサムネイル

エンタメ系のサムネイルはタイトルやサムネイルのキャッチコピーによってクリック
率が大きく変化します。見る気はなかったにもかかわらずついついクリックしてし
まうような**カリギュラ効果** (P48) などの心理効果が効果的です。

動画の内容によっては中身がよくわからない写真を使用したりあえて雑な写真や
レイアウトで作成したリアルなデザインにしたりするほうが興味を引きつけることも
あります。

CASE
08

名刺はレイアウトのルールや
視線の流れを意識する

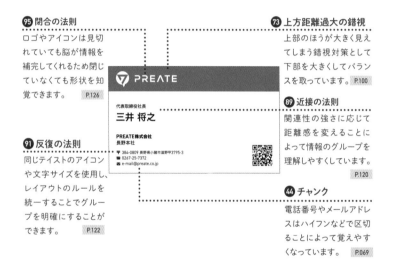

❾❺ 閉合の法則

ロゴやアイコンは見切れていても脳が情報を補完してくれるため閉じていなくても形状を知覚できます。　P.126

❾❶ 反復の法則

同じテイストのアイコンや文字サイズを使用し、レイアウトのルールを統一することでグループを明確にすることができます。　P.122

❼❸ 上方距離過大の錯視

上部のほうが大きく見えてしまう錯視対策として下部を大きくしてバランスを取っています。　P.100

❽❾ 近接の法則

関連性の強さに応じて距離感を変えることによって情報のグループを理解しやすくしています。　P.120

❹❹ チャンク

電話番号やメールアドレスはハイフンなどで区切ることによって覚えやすくなっています。　P.069

名刺

ビジネスシーンで利用される名刺はシンプルなデザインですが、随所に読みやすくするためのレイアウトの法則が使用されています。

近接や反復を意識してグループ化し、視線の流れを意識した情報を順に配置することで装飾がないデザインであっても**必要な情報がすぐに頭に入る**デザインになります。

CASE
09

購入を決めたあとは気が緩みやすく
財布の紐が緩みがちに

❸ テンション・リダクション

購入を決定し購入画面へ移動する際は意思決定後で緊張が緩んでいるため、最初よりも売れやすい状態になっています。

購入確定画面の前に関連商品を表示するのが効果的です。　P.056

⓬ バンドワゴン効果

売れ筋商品や他の人が購入している商品を表示することで、自分も他の人と同じように購入したほうが良いのではないかと感じさせる効果があります。　P.037

\こちらもおすすめ/
よく一緒に購入されている商品

New SMART PHONE XX
38,400 円（税込）

カート小計：38,400 円

ワイヤレス充電器
20Wで高速充電が可能なワイヤレス充電器です。ケーブルを接続することなく充電が可能です。

カラー：ブラック

4,980 円（税込）

USB-C ケーブル
充電時やファイル転送時に使用する有線ケーブルです。

カラー：ブラック

2,180 円（税込）

モバイルバッテリー
20000mAhの大容量にもかかわらず約250gの軽量。5回以上フル充電にすることができます。

カラー：ブラック

9,980 円（税込）

❹⓻ デフォルト効果

あらかじめチェックを入れておくことで標準の選択肢を選びやすくなります。

P.072

❺⓵ ヒックの法則

多くの商品を紹介してしまうと意思決定に迷い、購買を避けてしまう傾向があるためおすすめ商品の数は絞り、色パターンはオプション化することでスムーズな購買につながります。　P.076

EC サイトの購入画面

オンラインショッピングでは商品をカートに入れたあとにセットで購入されやすい商品を提示することで売上が伸びやすくなります。

ただし、たくさん買ってもらおうと関連性の薄い商品や購買を決めた商品と競合する品を表示してしまうと意思決定が揺らぎ、アクションを阻害してしまう可能性があります。

同時購入を狙う場合は単純に売りたい商品ではなく、**ユーザーの求める商品**を提示することを意識しましょう。

CASE
10

解約画面では解約を引き止めるための
心理効果が多く使用されている

04 ヴェブレン効果
「あなただけ特別」や「ゴールドランク限定」など対象を絞ることで情報の価値を高く感じさせることができます。 P.029

36 返報性の原理
プレゼントを与えられたことでお返しをしなければと返報性の原理が働き、関係が継続されやすくなります。 P.061

30 プロスペクト理論
「ポイントを贈呈しました」とすることで得た利益を失うことを避けたくなる気持ちが生まれます。 P.055

21 コンコルド効果
埋没費用を意識させることで損失を意識させ、解約をためらわせる効果があります。 P.046

（スマートフォン画面内のテキスト）
11:00
お客様だけに特別…
5,000
ポイント贈呈

日頃のご愛顧に感謝し、お客様だけの特別キャンペーンのご案内です。お客様の口座に更新後に有効になる5,000ポイントを贈呈しました。ぜひ、ご継続をご検討ください。

＼継続手続き後、すぐにポイントが利用可能になります／

ポイントを受け取り継続する ▶

解約される場合、ポイントや獲得実績などすべてリセットされてしまいますのでご注意ください。

□ データリセットについて同意します。

解約する

解約引き止め画面

サブスクリプションなどのサービスでは契約の継続が不可欠です。

長期継続によるメリットや、契約解除によるデメリットを強調することで契約解除を思いとどまらせる効果が期待できます。

CASE
11

アプリのUIは普遍的なデザインをベースに
することで初めてでも操作に迷いにくくなる

100 ヤコブの法則

慣習となったハンバー
ガーアイコンを利用する
ことでメニューを表示す
るボタンであると伝わり
やすくなります。　P.131

32 目標勾配

進捗や比較情報を表示し
ゴールを明確にすること
で、モチベーションを向上
させる効果があります。
　　　　　　　　　P.057

93 連続の法則

中途半端に右側を欠け
させることで横スクロー
ルできることを示唆して
います。　　　P.124

103 フィッツの法則

メインメニューは上部では
なく下部に表示することで
親指からの距離が近くな
り、正確で素早い操作が
可能になります。　P.134

アプリのUI

アプリケーションのUIは奇をてらわず「よくあるデザイン」を使用することで初め
て使用するアプリであっても自然に操作することができます。

スムーズに操作できる配置や理解しやすいレイアウトにすることで使いやすいア
プリになります。

CHAPTER

02

デザインに使える心理効果

視線を引きつけたり、イメージを変化させる
マーケティングデザインに有効な心理効果。
意図して利用することでポスターやバナー広告の効
果を大きく引き上げることができます。

クレショフ効果

前後に与える情報によって印象が変わる心理効果
つながりがなくとも無意識に関連があるものとして認識してしまう

◯ 前後の画像によって印象が変化する

前後の情報を変えることによって無表情の人物の心象を変化させることができます。

全く同じ写真・映像であっても前後の視覚情報に応じて与える印象が大きく異なるので、組み合わせ次第で印象を変えたり強めたりすることが可能になります。

◯ 動画CMでの活用例

森の映像　　　　　　　　　川の映像　　　　　　　　　商品の映像

商品CMに「自然」に付随する情報を加えることで、商品に「環境に優しい」などのイメージを付与することができます。

与えたい印象に応じて商品とは直接関係のない「イメージ映像」を加えるテクニックは定番のマーケティング手法です。

シャルパンティエ錯覚

イメージによって大きさや重さを誤認する錯覚
完全に同じサイズでもイメージによって重さや大きさが変化する

◌ イメージによって重さが変化する

「羽毛10kg」と「鉄塊10kg」では同じ重さにもかかわらず、イメージが重い鉄の
ほうが重いと感じてしまいます。

◌ 広告デザインでの活用例

「1000mg」と「1g」

シャルパンティエ錯覚は単位や表現手段を変えることでも起こります。

化粧品やサプリメントなどで使われる小さい単位ではミリやナノなどを利用するこ
とで数字が大きくなり、含有量が増えたような印象を与えます。

逆に「90日間」を「3ヶ月」とするなど、少ない印象を与えたい場合にも有効です。

ベビーフェイス効果

赤ちゃん独特の顔の特徴が好印象を与える心理効果
ポジティブな印象を与え警戒感を下げる効果がある

◯ 赤ちゃんの画像で得られる効果

赤ちゃんの写真を使うことで「安全感」「安心感」「清潔感」「親近感」などの**ポジティブな印象を与える**ことができます。

他にも「無邪気」「純粋」などの印象により、**警戒感を下げる効果**もあるので広告との相性が良く、多くの広告デザインで多用されています。

◯ イラストやキャラクターでの活用例

ベビーフェイス効果は写真のほうが強く感じられますがイラストやキャラクターでも「丸い顔」「広い額」「大きな頭」「目の位置が低い」などの赤ちゃんの特徴を取り入れることでベビーフェイス効果を得ることができます。

ゆるキャラなどもベビーフェイス効果を意識して作られています。

004

ヴェブレン効果

価値のある高価なものを欲しがる心理効果
主に自己顕示欲を満たすために使われる

◯ 階級制によるステータス性の強調

クレジットカードの階級

飛行機や新幹線の階級

年会費35万円以上するブラックカードや飛行機のファーストクラスは価格を高くしても「価値」と「希少性」があるため、ヴェブレン効果により魅力的に見えます。

ラウンジの入場制限や優先搭乗などの**下位ランクとの差別化を目立たせる**ことで特別なステータス性を強調することができます。

◯ ECサイトでの活用例

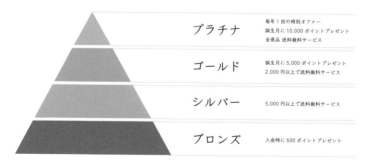

プラチナ	毎年1回の特別オファー 誕生月に10,000ポイントプレゼント 全商品 送料無料サービス
ゴールド	誕生月に5,000ポイントプレゼント 2,000円以上で送料無料サービス
シルバー	5,000円以上で送料無料サービス
ブロンズ	入会時に500ポイントプレゼント

購入金額や購入頻度に応じて、会員ランクが上がるシステムを導入することでステータス性を強調し、多くの購買を促すことができます。

ハロー効果

目立った特徴に引きずられ印象が変化する心理効果
後光効果とも呼ばれる

○ ハロー効果の使用例

○○○○ 大学卒業
△△△ 株式会社 ×× 就任
代表取締役社長兼 CEO 就任
□□□ 特別理事に就任

経歴や実績　　　　　　　　　　　　本の帯の紹介コメント

本来であれば説得力がない話でも有名人や実績がある人が言うことによって信じ
やすくなります。ハロー効果はTVを中心に多く利用されています。

○ 広告での活用例

食品関係のテレビCMの場合は、味に
うるさい人や本音を言う印象がある人を
起用することで「あの人が言うなら美味
しいのだろう」と強く感じさせることがで
きます。

○ ホーン効果に注意

ハロー効果はポジティブに作用すること
が多いですが、逆に**ネガティブに作用
するホーン効果**もあります。

起用した芸能人がスキャンダルを起こし
たり、商品のイメージと合わない人を起
用したりしてしまうとマイナスのPR効果
が生まれてしまう場合も……。

ホワイトスペース効果

対比させることで印象が大きく変わる心理効果
狙った箇所に視線を誘導する効果もある

○ 余白による強調効果

強調は色や文字サイズで行う印象がありますが、周囲にホワイトスペースをつくるだけでも視線を集める効果が期待できます。

○ デザインでの活用例

余白を広く取ると視線を誘導しやすくなるだけでなく、**高級感を出すこともできます**。

○ ショップ販売での活用例

商品販売スペースはたくさん展示してあるより、余裕を持ったスペースで展示したほうが商品の魅力が高まりやすくなります。

視線誘導効果

人の目線に引きつけられる視線誘導効果
表情によっては高感度を上げる効果もある

◌ デザインの使用例

視線誘導効果を活用したデザイン例

目線が逆方向に向いていると視線が定まらない

人の目線による誘導効果はとても強いので、人物写真を使ってデザインをする際は絶対に意識して使用したいポイントです。

◌ 視線カスケード現象

人には「好きだから見る」とは別に「見るから好きになる」特性があります。

視線カスケード現象と呼ばれ、人は意思決定の直前に見ていたものを選ぶ確率が高くなります。

第三者が目線を向けているものに対しても好感をいだく効果があるので広告デザインとの相性も良い心理効果です。（幸福な表情の場合に限る）

008

指差し追従

指の先や手のひらの示す方向を向いてしまう心理効果
生後8ヶ月の乳児にも効果を及ぼすほどの強い誘導効果がある

◌ 広告デザインでの活用例

変更前

指差し追従を追加

最初に人物の顔に注意が引きつけられ、そのあとに手の指すほうに視線が誘導されるので目線に加えて指差しを入れると誘導効果が際立ちます。

手の位置が高い

手の位置が少し低い

顔の次に手に視線が移動するため、手の高さは顔に近いほど効果的。

また、手のひらや指先は誘導したい箇所のすぐ近くまで寄せるとスムーズな視線誘導になり、効果が高まります。

矢印効果

矢印による視線誘導効果
指差し追従と同様に強い視線誘導効果がある

○ 文字よりも矢印のほうが誘導効果が高い

矢印は文字よりも視線誘導効果が高くなっているので上図のように指示された際には左よりも右を見てしまうでしょう。

ダイレクトに視線を誘導したい場合には矢印を使うのが最も効果的です。

○ レイアウトでの活用例

矢印で順番を誘導　　　　　　　　　　　文字だけの誘導ではスムーズに読めない

上図のような読みにくい変則的なレイアウトでも矢印があるとすんなり読むことができます。

通常、視線はＺ型Ｎ型に流れますが（P137、P139）、矢印を使うことで**視線の流れを強制的に変える**ことができます。

コントラスト効果

似たデザインの中で特徴をつけることで印象が大きく変わる心理効果
狙った箇所に視線を誘導する効果もある

◯ 比較系レイアウトでの活用例

全プラン同じデザイン　　　　　　　　　　おすすめプランにコントラストを加える

料金プランや製品比較などで目立たせたい箇所にコントラスト効果を加えることで他との違いを強調し、視線を誘導する効果があります。

◯ 配色での活用例

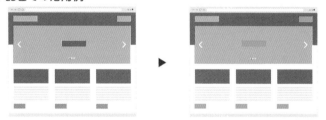

色をつけることでコントラスト効果が強くなるので、効率的に視線を誘導することができます。

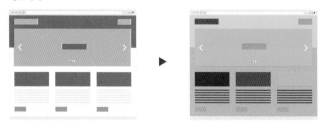

色数を増やせば増やすほど効果が減ってしまうのでコントラスト効果を出すために**強調したい箇所は厳選する**のが良いでしょう。

トンネル効果

トンネルのように周囲が暗く中心の明るい構図による視線誘導効果
トンネルではなくても類似の構図にすることで視線を集めることができる

◯ 写真撮影での活用例

トンネルや窓枠を使って写真撮影を行うと中心にある被写体が際立つ作品に仕上がります。

全体を覆っていなくても左右に木や壁を写すだけでも効果があります。

◯ イラストでの活用例　　　　◯ レイアウトでの活用例

トンネル効果は写真以外にもイラストやレイアウトなどで活用することもできます。

周辺を囲い、中心を明るくして視線が集まるようにすると効果的です。

012

バンドワゴン効果

集団帰属欲から決断や判断をする際に他人に同調してしまう心理効果
社会的証明効果とも呼ばれる

◌ 広告デザインでの活用例

「ランキング」「口コミ」「受賞」などを掲載し、**多数の人が支持していることを可視化する**ことで選ばれる可能性が高まります。多数が支持しているものであればあるほど効果的。

◌ ECサイトでの活用例

コーナーソファベッド	モダンソファ	ファブリックソファ
129,800 円(税込)	154,200 円(税込)	59,800 円(税込)

売れている商品をランキング化することで選びやすく、決断しやすくなるためショッピングサイトではよく使われています。

ハネムーン・ハングオーバー効果

最初はモチベーションが高いが
慣れてくるとモチベーションが下がる心理効果

ハネムーン効果とハングオーバー効果

ハネムーン効果 ハングオーバー効果

人は「結婚」「転職」「入学」など、心機一転の機会があるとモチベーションが上がりさまざまな意欲がわいてきます。

しかし、時間が経つにつれて最初に思い抱いていた気持ちは薄れ、当初は気にならなかった不満やストレスが気になるようになってきてしまいます。

モチベーションを維持できるような仕組み作りが重要

顧客がハネムーン状態のときは商品の売れ行きは良くなりますが、そのモチベーションは長続きせずに減退していきます。

アップデートで大きなシステム改修を行ったり、キャンペーンなどで最初の頃の気持ちを想起させるような施策を行ったりしてハングオーバー効果によるユーザーの離脱を防ぐことが重要です。

014

デコイ効果

あえて劣った選択肢を提示することで印象を変化させる心理効果
「引力効果」「非対称性優性効果」とも呼ばれる

○ あえて劣った選択肢を入れることで印象が変化する

ダン・アリエリーのデコイ（おとり）の有無を比較した実験で、デコイの有無で選択結果が大きく変化することが実証されています。

デコイなし

Webのみ	Web＋書籍
$59	**$125**
68%	**32%**

Webのみを選ぶ人の割合が多い

デコイあり

Webのみ	書籍のみ（デコイ）	Web＋書籍
$59	**$125**	**$125**
16%	**0%**	**84%**

セットがお得に見え、Web＋書籍を選ぶ人の割合が増える

Web版と、Web＋書籍版の2つの選択肢で比較した際は安いWeb版を選ぶ人が多かったものの、**第3の選択肢を増やしただけで**Web＋書籍版を選ぶ人が急増しました。

本来であれば売れないとわかっている選択肢をあえて入れることで売りたい商品の魅力を相対的に上げ、売上UPにつなげることができます。

○ デコイ効果の使用例

デコイなし

2点セット **7,000**円 ／ 4点セット **9,980**円

安いほうが売れやすい

デコイあり

2点セット **7,000**円 ／ 3点セット **9,500**円 ／ 4点セット **9,980**円

高いセットのほうがお得に見えて売れやすくなる

比較対象を増やすことで、相対的に売りたい商品のコストパフォーマンスを高く感じさせることができます。

しかし、ヒックの法則（P76）からもわかるように選択肢を増やしすぎると選べなくなってしまうのでデコイ効果を使用する場合は単純に**比較しやすい項目を並べるほうが効果的**です。（単純比較しにくい項目を追加してしまうとどれも選べなくなってしまう）

ラベリング効果

先入観や固定概念によって貼られたラベルによって
アイデンティティや行動パターンが変化してしまう心理効果

◌ ターゲットが望むポジティブなラベルを貼る

能力に差がなかったとしても「あなたには無理」と言われた人と「あなたなら必ず
できる」と言われた人では学習への取り組み方が大きく変化し、成果に影響を及
ぼします。

一般的には「レッテルを貼る」というとネガティブな印象がありますが、**ユーザー
が望んでいる**ラベルを貼ることでポジティブな効果を及ぼします。

◌ ラベルを剥がしラベリング効果を消す

食事制限が苦手な人に最適

口下手でも会話が途切れなくなる方法

レッテルを取り払うキャッチコピーやベネフィットを取り入れることでラベリング効
果による敬遠をなくすことができます。

また、苦手意識があったラベルを剥がすことで諦めていたことに挑戦してみようと
する意欲がわいてくるため、目標達成に必要となる商品の購入につながりやすく
なります。

ゲインロス効果

マイナスの印象を先に与えてからサプライズをすると
印象が大きくプラスに傾く心理効果

先に悪い条件を表示

> 1週間かかるのか…

> たった3日で
> 届いた！

・1週間かかると言われていたものが3日で届いた

・入手できない可能性が高いと言われていたものが入った

など、最初に提示されたマイナス要素を上回ることで強い好印象を与えることができます。

下げすぎないように注意

一度落としてから上げることでサプライズの効果を上げることができますが、過度に下げすぎてしまうとマイナス印象が強すぎて嫌悪感を持たれてしまいます。

また、ゲインロス効果を狙ってあえてはじめに悪い条件を伝えたと相手に悟られると逆効果になってしまうことが多いので使用には注意が必要です。

シンメトリー効果

対称のものに対し好印象を持つ心理効果
美しさだけでなく安定感や誠実感を与えることもできる

◯ 人は対称のものを美しく感じる

建築物や製品などの人工物から、人の顔や植物などの自然物まで、多くのものに対して対称による美しさを感じます。

人物を広告のモデルとして使用する際は顔の造形だけでなく口角や体の向きが対称かどうかによって印象が大きく変化するため、与えたい印象に適した写真を選ぶと良いでしょう。

◯ シンメトリーデザインの活用例

バナーやポスターのレイアウトとして　　　　ロゴやアイコンのデザインとして

対称デザインは単純に美しいだけでなく 「誠実」「安定」「信頼」 などのポジティブな印象を与えるのでイメージを込める際にも適しています。

スノッブ効果

多くの人が持っていないものに魅力を感じる心理効果
特に服や車などを選ぶ際に他の人とは別のものを選びたがることが多い

◯ マーケティングでの活用例

直営店限定モデル

少量生産による希少性

スノッブ効果を最も実感できるものが「限定」です。

あえて個数や販売期間、販売場所などを限定することで特別感や今しか手に入らない希少性によって魅力を引き上げることができます。

◯ 希少な情報

商品自体に希少性を持たせることができなくても、情報に希少価値を持たせることができます。例えば「このDMが届いた方限定」「会員限定のシークレットセール」などは一部の人しか知らない希少な情報となるため、関心を引きやすくなります。

◯ バンドワゴン効果との違い

多くの人が支持するものに魅力を感じるバンドワゴン効果と逆のスノッブ効果は個性を出したいときに現れやすくなっています。

人気のレストランは行きたいけどみんなと同じ服や靴を履くのは嫌だといった具合に状況や価値観に応じて変化します。

人気ブランドの限定モデルなどは「みんなが欲しがる人気ブランド」かつ「限定モデルで持っている人が少ない」のでバンドワゴン効果とスノッブ効果の相乗効果が期待できます。

ツァイガルニック効果

中断しているものや未完成のもののほうが完成したものよりも
記憶に残りやすくなる心理効果

◯ 心理的リアクタンス

未完の仕事のことばかり
頭をよぎる…

未完成のものほど思い出しやすい

完了した仕事のことは
スッキリ忘れられる

完成したものはスッキリして忘れやすい

ツァイガルニック効果には抵抗・反発を意味する心理的リアクタンスが大きく影響
しており「途中で中断したものに心残りや執着が生まれやすく記憶に残りやすい」
とされています。

達成すればスッキリして忘れることができるものでも、未達成のままだとスッキリ
せずに記憶に残りやすくなります。

勉強や仕事をキリが良いところで終わらせてしまうとスッキリ休むことができます
が、一時休憩の場合はあえてキリが良いところで終わらせないほうが効果的です。

◯ ツァイガルニック効果の活用例

漫画の一部を公開し「続きはアプリでご覧ください」など最後まで読ませないこと
で高いコンバージョンが見込めます。

「ランキング TOP5」などでは5位から2位まで発表したところで「続きはCMのあ
とで」としたり、クイズ形式の場合は「答えはCMのあと」のように最後まで見
ないと結果がわからなくしたりすることで視聴維持率を高めることができます。

プラシーボ効果

本物だと信じ込むことによって身体や精神に影響を及ぼす心理効果
思い込みによって印象が変化する

◯ マーケティングでの活用例

「国産だから安心」「オーガニックだから安心」など消費者の思い込みを商品PR
に利用することで商品を魅力的に感じさせることができます。

◯ パッケージでの活用例

商品パッケージもデザインや材質によって高級感を出すことで品質が高いものと
認識し、実際に良いものであると感じやすくなります。

全く同じ成分の化粧品でも「簡易容器」と「高級容器」ではパッケージの見た目が
影響を及ぼし、高級箱に入っている商品のほうが効果があると思い込んでしまい
ます。

コンコルド効果

投資した資源を考慮することで非合理的な意思決定をしてしまう心理効果
サンクコスト効果とも呼ばれる

○ コンコルド効果の例

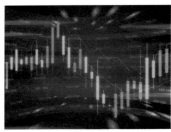

投資やFX

ゲームのガチャ

コンコルド効果は投資業界でよく使用される言葉ですが、ゲームガチャやギャンブルでも「ここでやめたら損するだけになってしまう」と過去のコストを取り戻そうとして非合理的な判断をしてしまうことが多くなっています。

○ 契約解除画面での活用例

解約時に「ここでやめると積み上げたものがなくなる」「年会費を払っているので期限が切れてから解約したほうが良い」などと表示することで埋没費用を意識させ、解約を思いとどまらせる効果があります。

「あと3日で1000ポイントが失効します」などの有効期限の通知も有効です。

解約画面にコンコルド効果などの心理効果を用いて引き止めを行うことは顧客の反感を買う恐れもあるため注意が必要です。

022

ストーリーテリング

情報ではなく「物語」を伝えることで印象を強くする手法
ストーリーを伝えることで共感されやすく記憶に残りやすくなる

◯ 物語として伝えると22倍記憶に残りやすくなる

単純に数字や事実を伝えるのではなく、**物語として伝える**とイメージが鮮明になり、事実だけを伝えるより最大22倍記憶に残りやすくなります。（Harnessing the Power of Stories）

ストーリーテリングには共感効果もあるのでマーケティング手法として重宝されています。

◯ ストーリーテリングの活用例

使用シーンを想起させるTVCM

商品開発秘話

ストーリーテリングと特に相性が良いのが映像系のコンテンツです。

動画CMでは商品そのものを詳しく解説するよりも、商品を実際に使用しているシーンを想起させるような物語性のあるCMが多く流れています。

・車について説明せずに家族で旅行に行くシーンを流す

・新製品を日常で使用しているシーンを流す

WEBサイトでは、商品開発時の困難やトラブルを物語のように掲載することで商品への共感が生まれ、購買につながりやすくなります。

023

カリギュラ効果

禁止されるほどやりたくなってしまう心理効果
興味がなかったものでも禁止されると興味がわいてしまう

カリギュラ効果の使用例

子供は閲覧禁止

CM後のシーンをモザイクで制限

「見てはいけない」と言われたり、手やモザイクで強制的に隠されたりすると、禁止される前以上に見たくなります。

「ゲームは禁止」と言われるとゲームをしたくなりますが「毎日必ずゲームをやりなさい」と言われると逆にやる気を失うことに。

カリギュラ効果は禁止によって「自由を制限された」と感じる心理的リアクタンスが働き、抗おうとする反発心が生まれることが原因とされています。

注意喚起が本当のことであると認知させることが重要

カリギュラ効果は「痩せたくない人は使用禁止」「お金が欲しくない人は閲覧禁止!」のように使われることが多いですが、**あからさまなカリギュラ効果の利用は逆効果**です。

広告で使用されるカリギュラ効果を利用したコピーは基本信用されません。効果的に利用するためには「本当のデメリットの開示」が有効になります。

「デメリットも大きいのでデメリットを受け入れられない人は使わないでください」と事実を伝えることで、真実味が増して効果的にカリギュラ効果を取り入れることができます。

プライミング効果

先行刺激(プライマー)により
その後の行動や判断が無意識に変わる心理効果

◯ 身近なプライミング効果

美しい景色の映像を見たあとは旅行に行きたくなる　　事故や災害の映像を見たあとは安全や安心を求める

プライミング効果はあらかじめイメージを定着させることで効果的に作用します。

直接的な影響だけでなく、関連するイメージが後の行動に影響を及ぼすことも多々
あります。

◯ マーケティングでの活用例

購入前アンケートで顧客に先行刺激を与えることで、本来であれば意識しなかっ
た部分にも注意を向けさせることができます。

例えばアンケートとして「品質が高い紅茶に興味はありますか?」など、Yesと答
えやすい質問をしておくことで、アンケート後に価格が高い紅茶を手に取る確率
が上がります。

アンカリング効果

先に与えられた情報に判断を歪められ、判断結果が先行情報に近づく心理効果
アンカリングは価格だけではなく重さや時間など多くのものに作用する

○ 広告での活用例

通常価格 99,000円
↓
39,000円

最初に39,000円を表示すると高いと感じるかもしれませんが、最初に倍以上の価格を提示すると途端に安く感じるようになります。

値引き前の価格を表示することで元の価格が基準となり「価値の高いものが安くなっている」と感じさせることができます。

○ 先に高い価格を提示

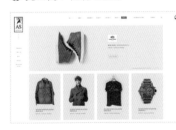 

値下げ前の価格を表示するだけでなく、高額な商品を目立たせ最初に見させることでそのあとに見る商品を安く見せる手法もあります。

実店舗でも高価な商品を扱う店舗は入り口に新作で価格の高いものを展示したり高額商品を最初に見せたりすることで印象を変化させています。

リーセンシー効果

直前に見た広告が購買行動に影響を与える心理効果
間隔が短いほど効果的

◯ リーセンシー効果の実例

・昨日見た商品がセールになっていると知り購入

・買おうと思って忘れていた商品を再度目にし購入

・朝CMで見た食品を街で見かけ食べたくなり購入

直近で見ていた広告が強い効果を発揮して購買につながります。

◯ WEB広告での活用例

ユーザーが過去に閲覧した商品やサービスの広告を表示する「リターゲッティング
広告」はまさにリーセンシー効果を利用したものです。

「サイトを訪れて3日以内の人にだけ配信」など間隔を指定して広告を出します。

期間があいてしまった場合は効果が薄くなるため直前に見た広告ほど配信される
頻度が高くなる傾向にあります。 高頻度で配信したい場合には広告のキャッチコ
ピーやデザインを変えた数パターンを切り替えて配信するのが効果的です。

単純接触効果

何度も見たり聞いたりすることで好印象を持つ心理効果
ザイアンスの法則とも呼ばれる

◯ 単純接触効果の有効活用

LINEやメルマガで接触回数を増やす

TVによく出る人には好印象をいだきやすい

接触回数が増えることで警戒感が薄れ、印象が良いものに変化していくのでTV、SNS、チラシなど多くの媒体で高頻度のCMを流すのが効果的です。

定期的に通知を出せるアプリやLINEやメールマガジンなども接触回数を増やすことができます。フリマ系のアプリでは「いいね」した商品が値下がりしたりコメントがついたりするたびに通知が行くような仕組みが取り入れられています。

◯ 逆効果を防ぐフリークエンシーコントロール

やっぱこれ気になるな！

またこの広告か…

単純接触効果とリーセンシー効果により、頻繁に同じ広告を配信することで効果が高まることが多いですが、最初に悪い印象を持たれている場合は繰り返し配信すると強い嫌悪感を与えることになってしまいます。

WEB広告では同じ広告を過度に配信しすぎないように「1日最大5回まで」など期間や回数を設定し、接触頻度をコントロールしましょう。

028

ゴルディロックス効果

3つの選択肢があった場合、真ん中の選択肢を選びやすくなる心理効果
松竹梅の法則とも呼ばれる

◌ 選択肢の数によって選ばれやすさが変わる

選択肢が2つの場合

一番人気 梅	竹
うな丼（並）	うな重（上）
¥2,000	¥3,000

選択肢が3つの場合

梅	一番人気 竹	松
うな丼（並）	うな重（上）	うな重（特上）
¥2,000	¥3,000	¥5,000

「大盛り・小盛り」より「特上・並」のように質による違いを設定したほうが効果的

選択肢が2つの場合は価格が安い「梅」の商品が選ばれやすくなりますが、プレミアム価格の高品質な商品をラインナップに加えることで中間価格の「竹」が選ばれやすくなります。

ゴルディロックス効果は単純比較できる「量」より「味や質」といったもののほうが効果を発揮しやすくなります。

◌ ゴルディロックス効果の活用例

フェイクレザー	カーフレザー	ディアカーフレザー
¥70,000	¥90,000	¥170,000

あえて高価なプレミアムモデルやオプションを用意しておくことで、メインとして販売したい通常モデルが売れやすくなります。

商品をすすめる際は高価な「松」から紹介し**質を強く意識させる**ことで、安価で質が劣る「梅」が選ばれにくくなり中間価格の「竹」が選ばれやすくなります。

また、アンカリング効果やコントラスト効果によって他のモデルを安く感じさせる効果も期待できます。

リフレーミング効果

物事の捉え方を変えるだけで印象がガラリと変わる心理効果
主に認知行動療法として使われている

◯ 言い方を変えて印象を変える

半分しかない

半分もある

物事を捉える枠組み（フレーム）を外すことでネガティブなことをポジティブに変えたり、別の印象に変化させたりすることができます。

「99%の確率で成功する手術です」と言われると安心感がありますが「1%の確率で死亡する危険がある手術です」と言われると途端に不安が強くなります。

内容は全く同じでも、言い方を変えるだけで印象を大きく変えることができます。

◯ 表現手段を変えてデメリットをメリットに

パッケージが安っぽいのがデメリットの商品も「パッケージを簡素化し、原材料の高品質化を追求しました」と理由を明確にすることによってデメリットがメリットにつながるものとポジティブに解釈してもらうことができます。

逆に保険商品などはネガティブなリフレーミングによってリスクや不安を強め保険加入を促しています。

プロスペクト理論

利益よりも損失を恐れる心理効果
損得の不確実性が生じたとき、損失の不安のほうが強くなる

◯ 損失回避性

人は利益に対しては「利益が減るリスクの回避」を優先し、損失に対しては「損失自体を回避」しようとする傾向があります。

投資では利益が減るリスクを恐れて利益確定が早くなる一方で、損失が出ている際には損失を確定させたくない心理が働き、損切りが遅くなり損失を拡大させてしまいがちです。

◯ 損失を意識させる

「今ならタイムセールで2,000円引き」「先着100名様までは限定価格」など、ここで**買わなければ損をする**と感じさせることで購入につなげやすくなります。

また、「メンテナンスしないと車が壊れる可能性があります」「保険に入らないと大きな出費になるかもしれません」など**未来の損失を意識させる**ことで損失回避の購買につなげる手法もよく使われています。

◯ 損失の不安を取り除こう

効果を実感できなければ全額返金いたします

全額返金保証

安心
実感

商品を購入することによって得られるベネフィット以上に、**失敗したくない気持ち**が強くなりがちな場合に有効なのが「無料体験」「返金保証」「長期保証」などの損失の不安を取り除くサービスです。

失敗するリスクがないと感じてもらえれば不安以上に期待が大きくなり、購買につながりやすくなります。

テンション・リダクション

購入を決め緊張が緩んだタイミングでは
警戒感が緩み、軽い気持ちで商品を購入してしまいやすくなる

⟡ テンション・リダクションの活用例

飲食店では注文後の気持ちが緩んだタイミングで「ご一緒にお飲み物やデザートはいかがでしょうか?」と聞くことで別の商品の購入を促すことができます。

ECサイトでは商品をカートに入れて購入確定する直前に「一緒に買われている商品」を表示することで購入率を上げています。

⟡ クロスセルとの組み合わせ

クロスセルはおすすめや関連商品をすすめ、追加購入してもらうことで客単価を向上させるマーケティング手法です。

購入後に緊張が緩むテンション・リダクションを考慮して関連商品をおすすめするタイミングを変えることで購入率が上がります。

例えばスマートフォンの関連商品を販売する場合、スマートフォンの購入前にすすめていた場合より、スマートフォン本体の購入を決めたあとのタイミングですすめた場合のほうが関連商品の購入率が大きくなります。

032

目標勾配

ゴールや完成目前になるとモチベーションが上がる心理効果
エンダウド・プログレス効果とも呼ばれる

◯ 終わりが近づくとモチベーションが上がる

「ゴール目前のラストスパートで力が入る」「残り1問になり気合が入る」など、終わりが見えることでモチベーションが上がりやすくなります。

◯ 進捗を可視化する

スタンプ20個でプレゼント

スタンプ

残り7%で目標達成

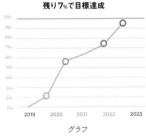

グラフ

アプリやWEBサービスでは「あと○○で達成です」などの通知を表示することでユーザーにサービスの利用を促し、モチベーションを高めることができます。

また「初回スタンプ5個サービス」や「高い目標を避ける」など**ゴールを近づける施策**を行うことで効果が上がります。

033

ピーク・エンドの法則

ピークとエンドの印象が最も強くなりやすい

◌ 記憶に残りやすい部分の体験を重視する

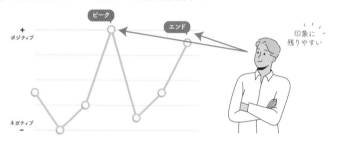

体験の中で一番印象に残るのがテンションが一番上がるピークと、最後の締めとなるエンドとされています。

中途半端に起伏がない安定した体験よりも粗があったとしても突出したピークがあり、最後の印象が良ければ良い経験として記憶されやすくなります。

◌ 終わり良ければすべてよし

ピーク部分と比べて、エンド部分は比較的かんたんに満足度を上げることができます。

日本のことわざで言うところの「終わり良ければすべてよし」。

最後に、ピーク部分で与えた印象を補強するようなサービスやシステムを組み込むことで記憶に残りやすく満足度を高めやすくなります。

034

ストループ効果

2つの視覚現象の意味が異なると判断に時間がかかる心理効果

◯ これは何色？

左端の塗料色は青ですが文字情報が異なるため、色を答えるまでに多くの時間が必要になります。

このようにストループ効果が起きると伝わりやすさが落ち、ストレスもかかるため視覚情報の干渉を防ぐ必要があります。

◯ ユーザビリティを下げる情報の干渉に注意

トイレの色が逆　　　　　　　　信号の色が逆

色で認識することの多いものは、内容が異なると判断に時間がかかったり間違えやすくなったりしてしまいます。

イメージする色との相違はユーザビリティの低下につながるので色と内容を一致させ、情報の干渉が起きないように注意しましょう。

認知的不協和

矛盾する2つの認知による不快感により
片方の認知を軽視・否定しようとする心理効果

◌ 人は認知的不協和を解消したがっている

認知的不協和は矛盾する2つの認知を持つことで生まれます。

ダイエット中で糖質を控えているのにケーキを食べてしまう人は不協和を解消しようと「食事制限が必要のないダイエット方法」や「好きなだけ食べても痩せる」といったものに引かれやすくなります。

◌ 認知的不協和を生み出す矛盾を感じさせるキャッチコピー

高卒の僕が1年で年収1000万円を達成できた理由

肥料も水やりもいらない観葉植物

ユーザーが認知的不協和を抱えていない場合でも常識と矛盾する正反対の主張をすることで認知的不協和を生み出し、興味を引かせることができます。

認知的不協和を生むキャッチコピーは巷にあふれていますが、科学的根拠に乏しいものが多いので注意が必要です。

036

返報性の原理

人から恩を受けたらお返しをしなければいけないと考える心理効果

◯ 返報性の原理の活用例

無料プレゼントや試食には返報性の原理が働きます。

必ずしも返す必要がない無償の恩だったとしてもお返しをしなければならないという感情が働き、購入率が上がります。

◯ ドア・イン・ザ・フェイス・テクニック

交渉術として有名なドア・イン・ザ・フェイス・テクニックは、あえて最初に難しい要求をし、断られたあとに難易度を下げた要求をすることで断りにくくさせるテクニックです。

相手に譲歩してもらったのだから自分も譲歩しなければいけないと返報性の原理が働くことで有利に作用します。

ホーソン効果

他者からの注目をあびることで期待に応えようとし
成績やパフォーマンスが上がる心理効果

◯ 期待に応えたくなる心理効果

人は注目・関心など、人の目に触れることにより期待に応えようとする気持ちが強まり、成績やパフォーマンスが上がりやすくなります。

類似効果として「期待している」と本人に伝え、期待に応えようとさせることでパフォーマンスを向上させるピグマリオン効果もあります。

どちらもモチベーションの向上などポジティブな効果を与えます。

◯ ホーソン効果・ピグマリオン効果の活用例

ユーザー参加型などのイベントやキャンペーンで人の目に触れるようにすることでホーソン効果が働き、自社サービスの利用率や利用時間の上昇などが期待できます。

SNSなどでは多くの人の視線を意識させる仕組みを取り入れることでユーザーのモチベーションを上げることができます。

ディドロ効果

新たな価値観にあわせて所有品や環境を揃えたくなる心理効果

◌ 商品展開としての活用例

同じシリーズの商品を揃えたくなる

同じブランドの家具を揃えたくなる

当初は1つしか買うつもりがなかったものでも、シリーズ、コレクション、セットが用意されていると、他の商品も集めたくなってしまいます。

揃えたくなる商品展開を行うことでブランド価値を高め、顧客単価を上げることができます。

◌ 初回の購入は容易にする

ディドロ効果が現れやすい商品には、「初回無料」「割引」「全額返金保証」などの初回購入を促すサービスを行うのが効果的です。

価値観の基準となる1つ目の商品を実際に所有してもらうことで同シリーズや同ブランドの世界観に合わせようとする心理が働き、顧客生涯価値（LTV）が上がりやすくなります。

◌ テンション・リダクションとの組み合わせが有効

購入を決め緊張が緩んだタイミングで商品を購入してしまいやすくなるテンション・リダクションとディドロ効果はとても相性の良い組み合わせです。

購入した商品の関連商品やオプション品の購入を促すことでディドロ効果により購買意欲を上げることができます。

口コミ効果

利害関係のない第三者からの意見のほうが信頼性が高いと感じる心理効果
ウィンザー効果としても知られている

○ 利害関係の有無がポイント

口コミ効果は広告や利害関係者の意見より、利害関係のない第三者の口コミのほうが信頼できると考える心理効果です。

利害関係のない人の意見であれば率直な意見が聞けると考え、SNSや口コミサイトで第三者の投稿を参考に商品の購買決定を行う人が多くなっています。

○ ユーザーはレビューをどの程度参考にしているのか？

出典：GDP に現れない ICT の社会的厚生への貢献に関する調査研究（総務省）https://www.soumu.go.jp/johotsusintokei/whitepaper/ja/h28/html/nc114230.html

インターネットショッピングでは過半数の人がレビューを参考に買い物をしています。特に若年層ほどレビューを参考に買い物をする傾向があります。

○ お客様の声として口コミを掲載

お客様の声として口コミを掲載するのは有効ですが、高評価ばかりではなく、**低評価やデメリットの書かれた意見を混ぜる**ことで口コミの信頼性を上げることができます。

投稿者の顔写真や実際に使用している動画、手書きのアンケートなど、**第三者の存在がリアルに伝わるような表現**にすることで信憑性が上がり、口コミ効果が高まります。

カクテルパーティー効果

自分に必要な情報だけが自然と頭に入ってくる効果
脳が無意識に必要な情報を取捨選択しているために起こる

騒がしくても耳に入るカクテルパーティー効果

人には必要な情報を無意識に取捨選択する能力が備わっておりパーティー会場の騒がしい場所だとしても自分の名前を呼ばれたときや自分に関係のある話は自然と耳に入ってきます。

人の名前を呼ぶときは「お客様」と呼ぶよりも「○○様」と名前で呼んだほうが意識を向けてもらいやすくなります。

ターゲットを絞ることで情報を届けやすく

カクテルパーティー効果は聴覚に関する情報の取捨選択を指しますが、類似効果として「バーダー・マインホフ現象」や「カラーバス効果」などがあります。

聴覚だけでなく視覚情報に対しても自分が必要としている情報を無意識に取得する効果があるため、キャッチコピーなどで対象者に自分に必要なものだと意識を向けさせるのが効果的です。

特にターゲットを絞り、あえて範囲を限定することで一定の層にアプローチする手法が多く取り入れられています。

フォールスコンセンサス効果

他者も自分と同じ考えであると考えてしまう心理効果
偽の合意効果とも呼ばれる

◯ 根拠なく自分の考えが多数派であると思い込む

人には自分の考えが多数派であると思い込む傾向があります。

他者も自分の意見と同じと考え「常識的に考えて」「普通なら」「一般的には」などと言いながら主張している意見の多くが実際には統計的確証もなく根拠のない認知の歪みであることが少なくありません。

◯ データを提示し多数派の意見を明確にするのが効果的

そう思わない 7%
あまりそうおもわない 10%
どちらとも言えない 18%
そう思う 38%
ややそう思う 27%

半数以上の人が肯定的だったの!?

フォールスコンセンサス効果によって他人も自分と同じ意見だと考えている人には統計データやアンケート結果を用いて「多くの人の意見は○○です」と明確に伝えるのが効果的です。自分が多数派に所属している認識が崩れ、自分も多数派に所属したいと考えるバンドワゴン効果が働きます。

◯ 第三者の意見で当たり前の認識を変化させる

自分の考えが多数派であるといった考えは第三者の口コミやレビューを掲載することでも変化させることができます。

口コミなどの第三者の意見は口コミ効果も期待できるので積極的に取り入れていきましょう。

042

吊り橋効果

恐怖や不安により心拍数が上がることで
緊張状態を恋愛感情と誤認してしまう心理効果

吊り橋効果は恋の吊り橋理論とも呼ばれる恋愛関係で有名な心理効果です。

橋の上で女性が男性に対しアンケートを求め、最後に電話番号を教える実験です。

揺れない橋では16人中2人しか電話をかけてこなかったのに対し、揺れる橋でのアンケートでは18人中9人が電話をかけてきました。

恐怖感のドキドキを恋愛感情と誤認してしまうと考えられています。

恐怖や不安を共有する

吊り橋効果のポイントである「不安な状態」「恐怖の共有」は商品やサービスの販売に利用することができます。

ターゲットとなるユーザ−の気持ちを代弁するような「私も不安でした」といった共感から、解決に至るまでのストーリーを掲載して感情移入してもらうことで、吊り橋効果に近い効果が得られます。

ストーリーテリングと相性の良い方法です。

吊り橋効果は外見要素に左右される?

吊り橋効果は恐怖体験があれば有効と思われていますが、その後行われた実験では女性がメイクによって外見的な魅力を低くした場合には**吊り橋効果はむしろ逆効果になった**という結果が出ています。

商品やサービスとして吊り橋効果を使用する場合には、ある程度の好印象を与えたあとに使用するのが効果的です。　はじめから恐怖を煽るようなPRは嫌悪感を与えてしまうことにつながるので注意してください。

符号化特進性原理

記憶する際の外的環境や自身の心理状況によって
思い出しやすさが変化する

記憶時と外的環境が似ていると思い出しやすい

人が情報を記憶する際には周囲の環境や、自身の心理状態なども同時に記憶するため、情報を思い出す際に**記憶した当時の環境が影響を与えます**。

符号化特進性原理の影響を調べた実験では、陸上と水上で学習を行ったあとにテストを行うと**記憶時と同じ環境の場合のほうが異なる環境よりも成績が良くなりました**。

ある音楽を聞いたらその曲が流れているお店のことを思い出したり、CMに起用されている有名人を見たら商品の名前が出てきたりすることなどにも符号化特進性原理が影響しています。

⊙ 思い出してほしいシーンとセットで伝える

符号化特進性原理を活用する際は、記憶を想起させたいシーンをデザインに取り入れるのが有効です。

CMは風景やシチュエーションなどの要素を含めて記憶するので、似た状況が訪れた際に商品のことを思い浮かべてもらいやすくなります。

プライミング効果とも相性の良い心理効果です。

チャンク

チャンクとは人が知覚する情報のかたまりのことを指す
短期記憶において人間が記憶できるチャンクの数には限りがある

マジカルナンバー

心理学者のミラー教授が提唱した説では短期記憶において人間は5~9のチャンクまでしか一度に記憶できないとして、記憶できるチャンク数をマジカルナンバー7±2と呼びました。

しかし、近年ではマジカルナンバー4±1とされ、短期記憶できるチャンク数は3~5とされているため一度に情報を理解してもらうためには項目を**5個以内**に抑えるのがおすすめです。

3の法則

瞬間的に覚えやすく理解しやすいマジカルナンバー4±1の最小値である3はマジカルナンバー3やスリープラスの法則などとも呼ばれており、一番使いやすいチャンク数になっています。

商品やサービスのメニューが2つだけだと少なく感じてしまうことがありますが、3つになると選択肢として充実した印象を与えやすくなります。

選択肢が増えすぎると逆に選べなくなってしまう選択肢過多効果（ヒックの法則）や、松竹梅の3つの価格帯から選ぶことで中間を選びやすくなるゴルディロックス効果とも相性の良い組み合わせです。

端数効果

キリの良い数字よりも、端数を使ったほうが
安く感じたり信憑性が向上したりする心理効果

◌ 中途半端な数字のほうが信頼性が高いと感じる

**97.31%の
効果を実証**

実績やデータを出す際はキリの良い数字
より、**半端な数のほうが信頼できる**情報
と判断してもらいやすくなります。

「98%」とするより「97.31%」のように小
数点以下を省略せず半端な数を掲載し
たほうが信頼できるデータに見えません
か?

◌ 端数の8は安く感じる?

毎日のように見かけるイチキュッパは端
数効果によって正当な価格、かつ安く感
じるようになっています。

店舗での小売販売では**お釣りが出る金
額として認識されやすい**のも特徴。

ちなみに日本では「衝動買いしやすい
数字」「末広がりで縁起が良い」などと
言われ8を使用する慣習がありますが、
アメリカでは$199など、9が使用されて
います。

単価 **98** 円

特価 **398** 円

月額 **1,980** 円

一括 **298,000** 円

◌ 売りたい商品に応じて端数表示を使い分ける

端数効果によって逆に売上が落ちてしまう場合があります。

オレゴン州立大学で行われた実験ではドリンクSサイズを0.95ドル、Lサイズを1.2
ドルで販売したところ29%の人しかLサイズを購入しませんでしたが、Sサイズの
端数表示をやめてSサイズ1.00ドル、Lサイズ1.25ドルで販売したところ半数以
上となる56%の人がLサイズを購入しました。 Sサイズを端数効果によって安く
感じさせてしまうと相対的にLサイズを高く感じてしまうので**一番売りたい商品の
みに端数効果を用いるのが効果的**です。

デッドライン効果

締め切りが近くなると焦りが生まれ
モチベーションや集中力が上がる

◌ 期限が迫ると心理状態が変化する

やる気が出なくて全くやらなかった夏休みの宿題を最終日に慌ててやるように、締め切りがあることで集中力を出して真剣に取り組みやすくなります。

宿題や仕事でのモチベーション以外にも、生産終了直前や増税前に慌てて購入する駆け込み需要などもあります。

◌ ECサイトでの使用例

ECサイトでは残り個数を表示したり、販売期間をカウントダウン表示したりすることでデッドライン効果を強め、購入を促す手法が取り入れられています。

在庫数が残り１つになったり、セール期間が残りわずかになったりすると焦りが生まれるだけでなく希少性や限定といった希少価値に引かれるスノッブ効果も期待できます。

◌ クーポンやポイントの有効期限

 期間限定ポイントの有効期限が近づいています

今月末で失効するポイント数：2,017P

有効期限の通知

クーポンやポイントに有効期限をつけることでデッドライン効果が期待できます。

有効期限が無期限の場合はいつでも使える安心感がありますが、有効期限を設定しておくことで**期間内に使わなければならないタスクとして心に残る**ため、ツァイガルニック効果のように存在を忘れにくくしてくれる効果もあります。

デフォルト効果

標準で指定されたものを変更せずにそのままにしたくなる心理効果
選択肢がある場合デフォルト状態のものが選ばれやすくなる

クレジットカード申し込み欄での使用例

カーオプションでの使用例

デフォルトのチェックを外す意思決定の際には「現状維持バイアス」や「保有効果」などが働くため、標準内容に**大きな不満がない場合はデフォルトの選択肢が選ばれます。**

選択式のオプションでは選んでほしい選択肢をデフォルト設定にしておくことで選択される可能性を大幅に上げることができます。

◯ 意図しないデフォルト効果はストレスを与えることに

注文内容の確認

総合計	**3,210** 円(税込)
商品合計	3,000 円
送料	620 円
ポイント利用	410 P

ご注文を確定する

メールマガジン登録
☑ このショップからのお知らせ
☑ 購入商品に関連したお知らせ
☑ キャンペーン情報のお知らせ
※ 不要な方はチェックを外してください。

見落としてしまうようなエリアにデフォルトチェックのオプションを紛れ込ませることで申し込み率は大幅に向上しますが、**意図しない選択はユーザーに大きなストレスを与えます。**

騙すようなUIにしなくても、デフォルト効果は高い選択率が期待できるので騙すようなデフォルト設定は行わないほうが良いでしょう。

048

保有効果

所有前と所有後で物の価値が変わる心理効果
自分が所有しているものの価値を通常より高く感じてしまう

売るなら
$7.12

買うなら
$2.87

マグカップを
プレゼントされた人

マグカップを
購入する人

所有者と非所有者では「モノに対して感じる価値」に2倍以上の差が出ることがあります。

保有効果を調べた実験では6ドルのマグカップをプレゼントされたグループは「売るなら7.12ドル」と判断したのに対して、マグカップをプレゼントされていないグループの人たちは「買うなら2.87ドル」と顕著な差が出ました。

◌ 保有効果が起こる理由

新たに所有する喜びよりも、所有しているものを失う悲しみのほうが強くなるプロスペクト理論が強く影響し価値を高く見積もってしまいます。他にも自分が失いたくないものは他の人も欲しいはずと考えるフォールスコンセンサス効果や日常的に接触するので単純接触効果なども影響していると考えられます。

◌ 保有効果の使用例

❮もし気に入らなければ❯

返品無料

 安心してお試しいただけます

レンタルお試し
30%OFF

お試し後、そのまま購入することも可能です

「1ヶ月お試し体験」「返品無料」「レンタル後に購入可能」などは保有効果を効果的に使用している例です。保有効果によって**所有していない状態よりも商品価値を高く見積もってもらえる**ので返品率が下がります。

カチッサー効果

こじつけの理由であっても深く考えずに
無意識に行動を起こしてしまう心理効果

◯ お願いをするときに理由を説明するだけで承諾率が大きく変化

すみません、
急いでいるので
先に使わせてもらえませんか?

要求だけの場合
60%

理由をつけた場合
94%

心理学者エレン・ランガー氏の行った実験ではコピーの順番を譲ってほしいと要求のみを伝えた場合の承諾率は60%だったのに対し「急いでいる」と理由を付け足したときの承諾率は94%まで高まりました。

また、「コピーを取る必要があるから先にコピーさせてほしい」といった**こじつけの理由**であっても承諾率が大きく向上し93%となりました。

たくさんコピーしたいなど要求のハードルが高くなる場合に限ってはこじつけの理由では承諾率は変化しませんでしたが、正当な理由であれば承諾率の上昇効果がありました。

◯ 理由を明確に説明したPRが効果的

広告や商品販売のシチュエーションでは当たり前のことであっても理由を明確にするのが有効です。

「こだわりの製法」などの表現だけでなく、なぜその製法が良いのか、その製法によって具体的にどのようなメリットがあるのかなど、**なぜ(Why)を明確にした表現**を使うようにすると良いでしょう。

人に依頼する際も単に「◯◯してください」と言うよりも「◯◯なので、◯◯してください」と理由を説明してみてください。

リンゲルマン効果

集団行動で自分の働きが目立たなくなる状況下では
無意識に力を抑えてしまう心理効果

○ 集団の人数や密度が増えれば増えるほどパフォーマンスが下がる

集団の場合
パフォーマンスが
下がる

一人の場合
パフォーマンスが
上がる

リンゲルマン効果は社会的手抜きとも呼ばれ、**人は集団になると無意識のうちに
手抜きをしてしまう**傾向があります。

○ リンゲルマン効果を防ぐ仕組みづくり

個人評価や役割の可視化

作業や成果の見える化

集団になることで周囲に合わせてしまったり、個人の評価がされにくくなり責任が
不明瞭になったりすることが原因と考えられます。

評価を可視化したり、個々の責任・役割を明確にして**適切に評価したりする**こと
で集団のパフォーマンス低下を防ぐことができます。

ヒックの法則

選択肢を多くすると人を引きつけることが可能になる反面
選択の決断をしにくくなり売上や満足度が落ちる心理効果

◯ ジャムの法則

種類	6種類	24種類
試食率	40.0%	59.9%
購入率	29.8%	2.8%

ジャムを6種類と24種類の2パターンで陳列した実験では、なんと選択肢が少ないほうが約10倍売上が多くなりました。

◯ ECサイトでの活用例

商品点数が多すぎるだけだと選べなくなってしまう / フィルター機能で選択肢を狭める

商品数が数十万件を超えるECサイトではフィルター機能によって「集客効果の高い商品数の多さ」と「選ばれやすい限られた選択肢」の両立が可能です。

吟味できないほど選択肢が増えると決断を下しにくくなり、選べずに買わずに終わる可能性が上がってしまうので**選択肢を絞り込む仕組み**を取り入れると効果的です。

文脈効果

文脈によって印象や内容が変わったり
意味が理解しやすくなったりする

左図は横に見た場合と縦に見た場合で「B」と「13」それぞれ異なる文字に見えます。A、B、Cと並んでいれば「B」に見えるものでも12、13、14と並んでいれば「B」ではなく「13」と認識します。

右図も左右の文字によって「A」と「H」それぞれ捉え方が変化します。

このように環境や文脈によって脳が処理する情報は変化します。

◯ 前後関係を追加することで瞬時に理解できるデザインに

文脈がなくとも意味が伝わるものであっても前後関係を明確に表示することでさらにわかりやすいデザインになり、進捗がわかりやすくなることで離脱を防ぐ効果も期待できます。

CHAPTER

03

錯視効果

錯視効果はデザインに取り入れるというより
錯視を考慮してバランス調整を行う
錯視調整に必要となる知識です。

ムンカー錯視

ストライプで色をのせると別の色に見える錯視効果

○ 周囲の色によって色が変化する錯視

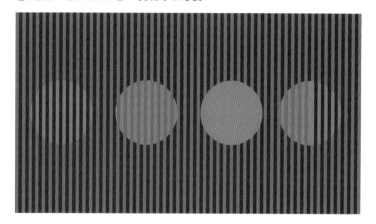

丸はすべて同じ色

図形の周囲にストライプで色をのせると別の色に見える色の錯視です。

ストライプの色を替えると図形の色も変化します。

ホワイト錯視

白と黒のストライプをのせると明度が変化して見える錯視効果

◯ 周囲の色によって明度が変化する錯視

丸はすべて同じ色

黒が重なると暗く見え、白が重なると明るく見える錯視です。

隠していない部分の色は変化していないにもかかわらず明度が変化しているように見えます。

色の恒常性

脳の視覚系には照明や周囲の色の変化を補正して
知覚する色は変化しない特性がある

○ 赤くないのに赤く見える

写真のイチゴは赤色ではなくグレーですが、色の恒常性によって赤色に見えやすくなっています。

脳の視覚系には色の恒常性と呼ばれる特性があり、環境光が変化しても知覚する色は変化しないと認識しているためです。

○ 色の恒常性は元の色を知らなくても作用する

そのものの色を知っているからその色に見えるのではないかと思うかもしれませんが色の恒常性は「イチゴは赤い」という事前情報がなくとも有効です。

上図の写真の2つ目のカップの色が赤色に見えたり、下のカップが黄色に見えたりするのであれば事前情報有無は関係ないことになります。

環境光の錯視

周辺光の色によって色の見え方が異なる錯視
写真やイラストでは色の恒常性が機能しにくい

◯ 金と青のドレス

ケイトリン・マクニール氏がSNSにアップロードした写真のドレスが「白と金」に見える人と「黒と青」に見える人とに分かれ、話題を呼びました。

インターネット上では約3割の人が「白と金」であると誤認していましたが、実際のドレスの色は「青と黒」です。

実際の環境光がわからない写真やイラストでは色の恒常性が効かずに色を錯覚してしまうことがあります。

◯ 色は環境光によって変化する

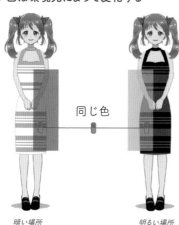

同じ色

暗い場所   明るい場所

色は環境光によって大きく変化します。

脳がイメージした環境光が暗い場合は「白と金」に見えます。

写真やイラストの一部だけを見せられた場合は色の恒常性が効かず錯覚しやすくなってしまいます。

057

チェッカーシャドウ錯視

AとBの色が全く同じにもかかわらずBのほうが明るく見える錯視図
影の中にあるだけで実際は明るいと脳が感じるため、実際の色より明るく感じる

© Adelson, Edward H.

チェッカーシャドウ錯視も色の恒常性によって生じる錯視効果とされています。

脳が「影の中にある明るい色」として認識しているため、周囲の情報を消さない限り錯視効果は消えません。

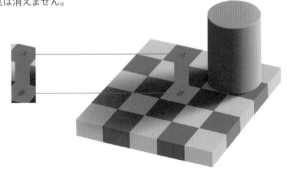

エーレンシュタイン錯視

先の集中部が周りの背景より明るく見える錯視

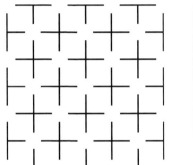

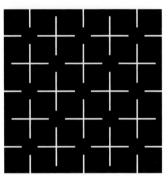

交差点の隙間が明るい丸に見える

中心部が明るく見える

線で囲うと消える

線の先が一点に集中するのがポイントで、周囲を線で囲うとエーレンシュタイン錯視効果は消滅します。

ネオン色拡散効果

黒い十字線の中心に彩度の高い色を入れると丸やひし形が見えたり
光って見えたりする錯視

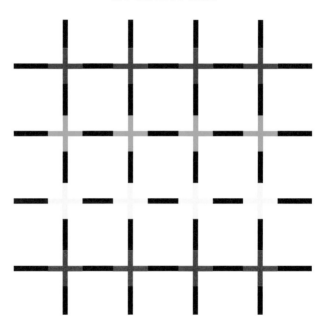

エーレンシュタイン錯視の交差部に彩度の高い色を入れた際にも、中心が明るく
見え、丸やひし形が浮かび上がって見えます。

フレイザー錯視

ジェームス・フレイザーが発見した錯視効果
円に歪みが発生する模様を入れることで円が螺旋状の渦巻きに見える

錯視効果

真円の周りに模様を入れることで螺旋状の渦巻きに見える

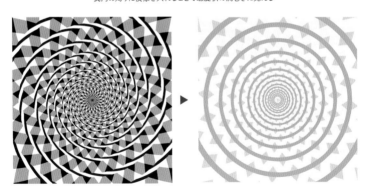

錯視効果により線が歪んで見えるため、渦を巻いているように見えますが背景を
消すと真円であることがわかります。

マッハバンド錯視

グラデーションに急な差が生じた際に
実際には存在しない明るい/暗い線が見える錯視

切り替わり部からは真っ白（真っ黒）にもかかわらず切り替わり部に線が見える

グラデーションは緩やかな変化になるように使用するとマッハバンド錯視が起きにくくなります。

グラデーションによって写真を切るときなどはマッハバンド錯視による線が目立ってしまわないように注意すると良いでしょう。

ツェルナー錯視

水平線はすべて平行にもかかわらず斜めの線を付け加えると
逆方向に傾いて見えるフリードリッヒ・ツェルナーが発見した錯視効果

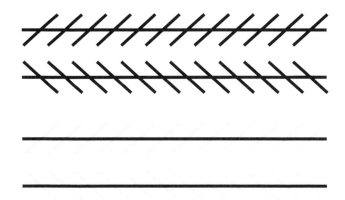

すべて横の線は水平ですが、斜めの線があることで傾いて見えてしまいます。

◌ 斜めの線の角度に応じて傾きも変化する

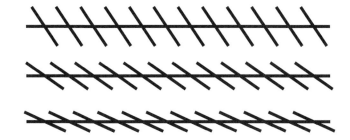

斜線の角度に応じて傾きの印象も変化します。

カニッツァの三角形

周囲の図形の形状によって実際には存在しない三角形を知覚できる錯視効果
浮かび上がる形は背景よりも明るく見えるが実際には周囲の色との違いはない

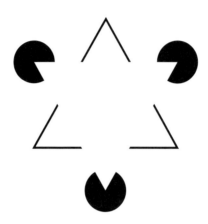

◌ 存在しない部分を脳が補完

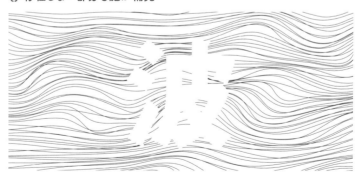

境界の存在しない部分も脳が補完してくれるのでないはずの線がくっきり浮かび
上がり、はっきりと文字を視認することができます。

ハーマングリッド錯視

正方形を格子状に並べたとき交差部に点が点滅するように浮き上がる錯視
点滅する箇所は常に変化し、浮き上がる点は正方形の色によっても変化する

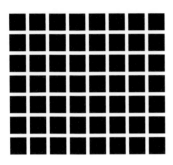

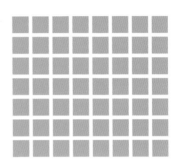

⬚ ハーマングリッド錯視の対処法

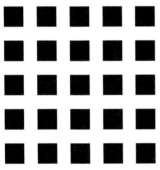

ハーマングリッド錯視は間隔をあけたり直線を避けたりすることで発生を防ぐことができます。

グリッドデザインなどで四角を並べたレイアウトにする際にはハーマングリッド錯視が起きないように隙間を作るなどの工夫がされています。

ミューラー・リヤー錯視

ミューラー・リヤーの発表した有名な錯視効果
線の両端に付けた矢羽の向きにより線の長さが異なって見える

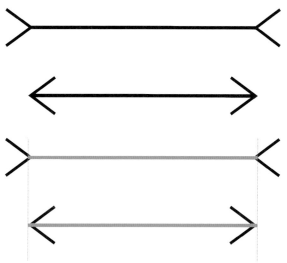

同じ長さの線でも端の矢羽の向きによって長さの印象が異なります。

外側に広がるようにすることで実際の長さよりも長く感じさせることができます。

◌ つけまつげで目が大きく見える理由

化粧やつけまつげによってミューラー・リヤー錯視が起こり、効果的に目を大きく
見せることができるようになっています。

フィック錯視

同じ大きさの長方形を並べた場合に縦向きのほうが長く見える錯視

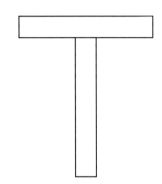

横の長方形と縦の長方形は全く同じ長さにもかかわらず、縦のほうが長く感じます。

上図の横線と縦線の長さが等しいのはどれでしょうか?

正解は一番左側になりますが、視覚的には縦線が長く見えてしまいます。

バイカラー錯視

長方形をバイカラーで配色したとき、縦に配色したほうが長く見える錯視

2色を使ったバイカラー配色では横よりも縦にしたほうが長く感じさせることができます。

◌ ファッションでの使用例

ファッションで活かされることが多い

デルブーフ錯視

囲まれた円の大きさに応じて中にある図形の大きさが変化して見える錯視
余白が大きければ大きいほど小さく感じる

中心の丸はどちらも同じ大きさですが、周囲の円が小さい左図のほうが大きく見えます。

大きく見せたい場合は周囲の余白を少なくすると効果的です。

◌ 大きなお皿にのせると小さく見える

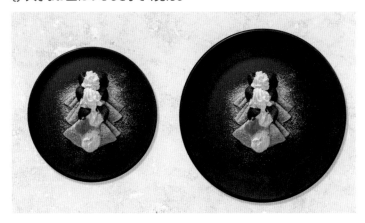

料理をのせるお皿の大きさが変わるだけで中身の大きさの印象が変化します。

大きなお皿にのせると高級感が出ますが、量は少なく感じてしまいます。

エビングハウス錯視

周囲の図形の大きさに応じて中心の図の大きさが変化して見える錯視

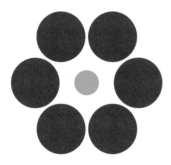

中心の丸はどちらも同じ大きさですが、大きな丸に囲まれた左図のほうが小さく見えます。

大きく見せたい場合は周囲に小さいものを配置し、小さく見せたい場合は周囲に大きいものを配置すると大きさの感覚を変えることができます。

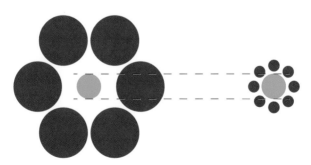

どちらも同じ大きさ

070

ポンゾ錯視

2本の水平線の背景に奥行きを感じることのできる収束線を描くと
上の線が長く見える錯視効果

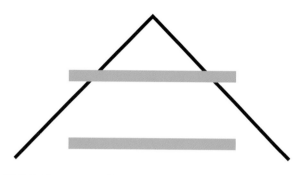

ポンゾ錯視はイタリアの心理学者のマリオ・ポンゾによって報告された錯視です。

人は物体の大きさや長さを認識する際に背景情報を基準に判断するため、奥行きを感じる背景がある場合は実際の長さを誤認しやすくなってしまいます。

上図の**赤色の線はすべて同じ長さ**ですが、写真のように配置すると背景の遠近感により手前の線が短く見えてしまいます。

遠近感のある写真の上に同じサイズに見えるようにオブジェクトを配置する場合はポンゾ錯視を考慮して手前に見えるほうを少し長めに視覚調整すると揃って見えるようになります。

オッペルクント錯視

線を等間隔に並べたものと、空白にしたものを比較すると
線があるほうが長く感じる錯視

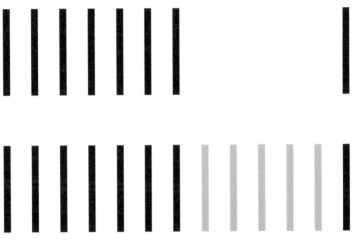

密度がない空間よりも、ある空間のほうが長く感じるため、数値上の距離感と視覚的な距離感が狂ってしまいます。

レイアウトの半分がホワイトスペースになるようなデザインでは情報量の少ないほうが狭く見えてしまうので、ホワイトスペースをほんの少し広くしてあげることで半分に見えるようになります。

ヘルムホルツの正方形

横ストライプと縦ストライプでは、同じサイズにもかかわらず
縦に並べたストライプのほうが横に広がって見える

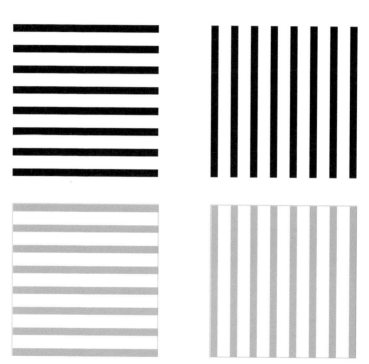

四角で囲うと正方形なのがわかりますが、枠で囲わないと同じサイズに見えにくく
なってしまいます。

上方距離過大の錯視

上のほうが距離が広く感じる錯視
バランス調整のために下方を大きくして視覚調整することが多い

左図が中心位置にもかかわらず、視覚的には右図のほうが中心にあるように見えてしまう

⚪ 上方距離過大錯視を視覚調整した例

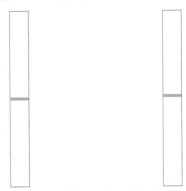

参照：Google Chrome

上の余白のほうが大きく見えてしまうので下の余白を大きくして中心に見えるようにあえてずらしています。

対称に見えるフォントも上方が大きく見えてしまわないように下方の要素を大きくし、中心部は少し上げてバランスを取る視覚調整が行われています。

ジャストロー錯視

扇形の図形をずらして並べた際に現れる錯視

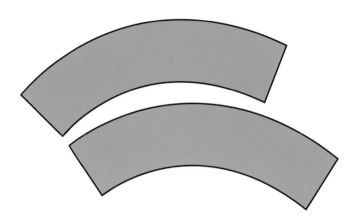

上図のように扇形の図形をずらして並べた図形をジャストロー図形と呼びます。

上下とも全く同じ図形ですが、下側の曲線が長く、大きく感じられます。

◌ どの部分で比較されるかが重要

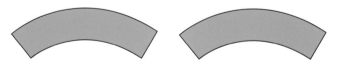

比較する部分が変わることで差異を感じ錯視が起こるため、円弧の角度や端の位置が比較しやすい場合は錯視が起こりません。

クレーター錯視

同じ写真にもかかわらず写真の向きを変えるだけで
凹んで見えていたものが逆に凸に見えるようになる錯視効果

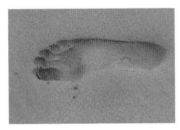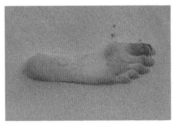

上の写真は180度回転しただけですが、凹凸が逆転したかのように錯覚しやすくなります。

光は上にあり、影は下にあるという先入観から凹んでいるものが凸になっているように錯覚すると考えられています。

クレーター錯視は影を表現しているイラストやアイコンなどでも発生します。

ドロップシャドウなどを使用する際は影が下向きになるようにすることでクレーター錯視を防ぐことができます。

斜塔錯視

傾いた塔の写真を並べたとき、傾いている側の写真が強く傾いて見える錯視効果

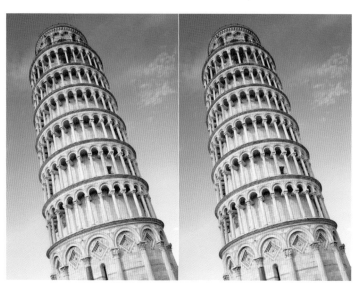

上の写真は全く同じ画像にもかかわらず左側の塔が傾いて見えます。

傾きのある写真を並べる際は斜塔錯視を考慮し、調整を行ったほうがバランスが良くなります。

左はじっくり比較すると左右別の角度に見えるとSNSで話題になった写真です。

この写真にも斜塔錯視が作用しています。

斜塔錯視に加えて道路の模様からツェルナー錯視も起きやすくなっています。

https://imgur.com/L8swkHh

色彩同化グリッド錯視

白黒の写真に5色のグリッド線を入れることでカラー写真に見える錯視効果

上の写真4枚はすべて白黒の写真ですが、5色のグリッド線を加えるだけでカラー写真であるかのように認識されます。

色彩同化グリッド錯視はグリッドだけでなく、ストライプやドットでも代用可能です。

色の対比

色の三属性（色相・明度・彩度）の組み合わせによって色の見え方が変わる

◌ 背景色によって色味が変わって見える色相対比

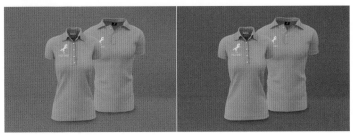

同じ色の商品でも背景色によって色味が異なって見えてしまいます。

色味を誤解されてしまうので商品写真の背景色には注意が必要です。

◌ 色相対比

左2つ、右2つはそれぞれ中心の丸の色は同じにもかかわらず周囲の色によって色味が異なって見える

◌ 明度対比

周囲が暗いほうが中心が明るく見える

◌ 彩度対比

周囲の彩度が低いほうが中心が鮮やかに見える

CHAPTER

04

色彩効果

色には心にはたらきかける力があります。
色によって印象が変わるだけでなく
五感にまで作用する強い効果があります。

進出色と後退色

色によって距離感が異なる色彩効果
暖色や明色は距離が近く、寒色や暗色は距離が遠く感じる

◯ インテリアでの活用例

壁紙やカーテンに後退色を使用すると部屋を広く感じさせることができます。

◯ 色による距離感覚の違い

進出色には「暖色」や「明るい色」

後退色には「寒色」や「暗い色」が該当します。

35mで認識　　　28mで認識

東京工業大学の塚田敢博士の行った実験
参照：色彩の美学（塚田敢）

赤色と青色のCマークで視力検査を行ったところ、赤色なら35mの距離でも視認できるが青色では28mの距離まで近づく必要がありました。

膨張色と収縮色

明度によって大きさが変わる色彩効果
明るい色は暗い色より大きく感じる

◌ ファッションでの活用例

小さく見える収縮色を洋服に取り入れると細く感じさせることができます。

◌ 色による大きさの違い

膨張色には「明るい色」

収縮色には「暗い色」が該当します。

◌ 囲碁での活用例

← 21.9mm → ← 22.2mm →

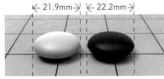

白石は直径0.3mm 厚み0.6mm小さい

囲碁で使用される正式な碁石は色の大きさの違いを考慮し、膨張色の白色より収縮色の黒石のほうが大きく作られています。

暖色と寒色

文字通り暖かさや寒さといった体感温度に影響を及ぼす
副交感神経に作用し、赤色の場合は暖かく感じ、青色の場合には寒く感じる

◯ 色によって体感温度が変わる

暖色と寒色のカップでは暖色のカップのほうが持ったときに暖かく感じやすくなります。

◯ 暖色と寒色

赤や黄色など波長の長い色が暖色に該当し、波長の短い青や水色などの色が寒色になります。

どちらにも該当しない緑やピンクなどは温度を感じない中性色になります。

重い色と軽い色

明度によって重さが変わる色彩効果
明るい色は暗い色より軽く感じる

○ 色によって重さが変わる

白色と黒色の箱では明度の低い黒色の箱のほうが重く感じやすくなります。

重厚感を出したいデザインには明度の低い色を使うと効果的です。

○ 箱の色を白にして従業員の負担を軽減

白色の箱を用いることで体感重量が軽減されるため、いくつかの現場では白色の容器や箱が採用されています。

（引越しサービスのダンボールや、工場の資材入れなど）

色によってイメージする味覚

色によってイメージする味覚が異なる
イメージする味覚は印象の強い食材の色に起因する

◯ 色から連想される味覚例

甘味 ⬤◯◯　　苦味 ⬤⬤⬤　　辛味 ⬤◯◯

酸味 ◯◯◯　　塩味 ◯◯◯　　旨味 ◯◯◯

デザインに味覚のイメージを取り入れることで味を想像してもらいやすくなります。

色によって想起されやすいのは**馴染みのある食品の味**です。

◯ 味覚イメージに合わせたパッケージカラー

商品のパッケージ等、味覚を色で強調したい場合は食材のイメージ色と合わせて
デザインするとイメージとの乖離を防げます。

味覚イメージと色の違い

自分がイメージする色と味覚が大きく異なる食品は美味しく感じにくい
目隠しをした状態や暗闇で食べる食事も味の満足度を下げる

○ イメージする色と食品の色が異なると味覚が変わる

イメージする色と食品の色に大きな差異があると美味しく感じることができなくなる
どころかまずく感じるようにもなってしまいます。

目隠ししてジャガイモを食べると「林檎」や「柿」といった答えが出るくらい人の味
覚は視覚に依存しており、視覚や色味が味覚に与える影響は大きくなっています。

○ 着色料が使用される理由

食品の色が味覚や食欲に及ぼす影響は予想以上に大きいため、合成着色料を
使った食品がたくさん販売されています。

着色料には食品イメージを強調したり、食欲を増進させる効果があります。

食品と補色の相性

色相環の反対側に位置する色同士の組み合わせは
食品においても相性が良い組み合わせになる

⚪ 補色を使って食品を際立たせる

補色には互いの色を引き立て合う効果があります。

料理の盛り付けはもちろん、お皿に補色を使用しても効果があります。

⚪ 補色とは？

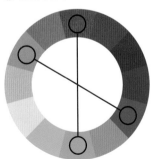

色相環の反対側に位置する色との組み合わせを補色といいます。

デザイン全般に役立つので積極的に利用していきたい配色です。

相性の良い組み合わせですが、高彩度で組み合わせてしまうと目に負担がかかるハレーションを起こすので注意が必要です。

音調による色感覚

聴覚刺激から色を意識する色聴と呼ばれるものがある
共感覚や感性間知覚と呼ばれる個人差の大きい感覚

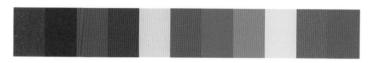

ド　レ♭　レ　ミ♭　ミ　ファ　ソ♭　ソ　ラ　シ♭　シ

色聴は慣習に影響される心理効果と違い、個人差が大きく出るものの、音から色をイメージする人は多く、音と色の結びつきにはハッキリとした傾向が現れます。

・高調波成分が多くなるたび彩度が上がり、明度が下がる

・音高が高くなるたび明度が上がる

高い音調は明るい色になり、低い音調は暗い色というのはイメージしやすい人も多いのではないでしょうか。

⚪ 音楽の色イメージ

激しい、元気、明るい　　　悲しい、静か、落ち着いた　　　暗い、地味、厳粛、重厚

暖色系や彩度が高い色はアップテンポでにぎやかな印象を与え、寒色系は静かで落ち着いた雰囲気をイメージしやすい傾向にあります。

色が嗅覚に与える影響

味覚同様に嗅覚イメージも商品の色に強く影響される

○ 香水は液体の色やパッケージの色で香りを想像する

香水や芳香剤は液体の色が透明でも「瓶の色」「ラベルの色」「パッケージの色」などで香りの印象が大きく異なります。

イメージ通りの色に着色することで香りの効果を高めることができます。

○ 色が嗅覚に与える影響

・視覚情報があると嗅覚が鋭くなる

・視覚情報色が適切だと香りを強く感じる

実際に目隠しをした状態で匂いを感じるより、匂いの発生源を目視して嗅いだときのほうが「香り」「風味」を強く正確に感じることができるようになります。

○ 色によってイメージする香り

無香料　フローラル　柑橘系　フルーティー　爽やか系　自然系

嗅覚イメージと色の違い

香りのイメージと色が異なる場合、判断時間と正解率が落ちる

◯ 色と香りの関係が認知に及ぼす影響を調べた実験

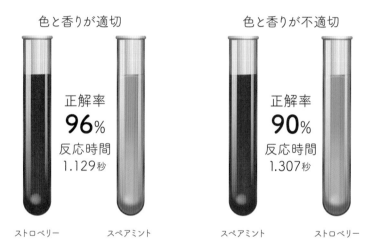

色と香りが適切		色と香りが不適切	
正解率 **96**% 反応時間 1.129秒		正解率 **90**% 反応時間 1.307秒	
ストロベリー	スペアミント	スペアミント	ストロベリー

香りに適切な色がつくことで匂いを判断する時間も短くなり、嗅ぎ分ける精度も向上します。

◯ イメージカラーと香りを一致させて効果を引き上げる

例えばレモンの香りの香水が青色だったら違和感を感じ、レモンの香りが薄れてしまうでしょう。

香料系の商品であればパッケージカラーをイメージと一致させることで香りの効果を引き上げることができます。

CHAPTER

05

レイアウト

情報を伝えるためのレイアウトでは
情報を認識するためのルールが重要です。
脳が情報をどのように判断するのか理解して
おくことで伝わりやすいデザインになります。

近接の法則

人は近いものを同じグループとして認識するため
距離を変えることで情報の関連性の強さを変えることができる

◌ 近接によるグループ化

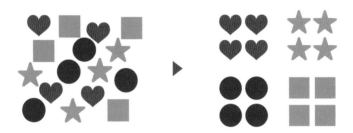

近接は関連する要素を近づけることで情報をまとめる役割を果たします。

文字のサイズや色を変更することなく、距離関係のみでカテゴリ分けすることができます。

◌ 近接による情報整理で瞬時に伝わるレイアウトに

左図のメニュー表のように関連性の高いものを近づけていない場合、文字とイラストを関連付けるのに時間がかかったり、誤認したりしてしまうことがあります。

イラストと文字を近づけ、他のドリンクとの距離を離すことでイラストと文字がグループ化され瞬時に伝わるレイアウトになります。

整列の法則

要素を整列させることで視線の流れがスムーズになり
見やすいレイアウトにすることができる

○ 整列で視線の流れを整える

▶

基準とするラインに沿って並べることで情報が整理され、視線の流れがスムーズ
になります。

整列は整った印象を与えるのに欠かせない要素になります。

○ 見えない線に沿って配置するときれいなレイアウトに

単純に縦と横の片端を揃えるだけでも整列は機能しますが、上図のようなメニュー
表では品名と価格の間の点の長さを調整し、左右とも揃えることでバランスの良
いレイアウトになります。

反復の法則

人は同じ形状のものが繰り返し使用されると
同じグループに属するものと判断する

◌ 反復によるグループ化

同じ要素を繰り返し利用することで一貫性が生まれ、ユーザーが読みやすく混乱
することのないデザインになります。

反復は同じページだけにとどまらず繰り返し使用することでイメージの記憶定着効
果も期待できます。

◌ 同じデザインを反復して使用することでルールが明確に

大見出し

情に棹させば流される。智に働けば角が立つ。どこへ越しても住みにくい
と悟った時、詩が生れて、画が出来る。とかくに人の世は住みにくい。意地
を通せば窮屈だ。

▌小見出し

情に棹させば流される。智に働けば角が立つ。どこへ越しても住みにくい
と悟った時、詩が生れて、画が出来る。とかくに人の世は住みにくい。意地
を通せば窮屈だ。

小見出し

情に棹させば流される。智に働けば角が立つ。どこへ越しても住みにくい
と悟った時、詩が生れて、画が出来る。とかくに人の世は住みにくい。意地
を通せば窮屈だ。

大見出し

情に棹させば流される。智に働けば角が立つ。どこへ越しても住みにくい
と悟った時、詩が生れて、画が出来る。とかくに人の世は住みにくい。意地
を通せば窮屈だ。

▌小見出し

情に棹させば流される。智に働けば角が立つ。どこへ越しても住みにくい
と悟った時、詩が生れて、画が出来る。とかくに人の世は住みにくい。意地
を通せば窮屈だ。

▌小見出し

情に棹させば流される。智に働けば角が立つ。どこへ越しても住みにくい
と悟った時、詩が生れて、画が出来る。とかくに人の世は住みにくい。意地
を通せば窮屈だ。

繰り返し同じデザインを使用することでグループ化され、同じ階層の情報であると
直感的に理解することができます。

対比の法則

周囲との差が大きければ大きいほど強調効果が高まる

◌ 対比による強調

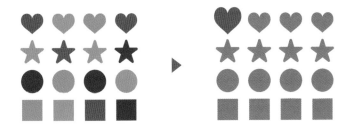

対比は文字の大きさを大きくしたり目立たせたい箇所に色をつけたりして強調する際に使われます。

目立たせたい箇所を強調するだけでなく、それ以外の部分の装飾を控えめにすることで差を大きくしてさらに視線を集めることができます。

◌ すべてを強調することはできない

掲載するすべての内容が重要と考え、全部の情報を強調したくなりますが、そうすると逆にすべて目立たなくなってしまいます。

対比は他とのメリハリによって機能するため、**情報の優先度は絶対に決めておく必要があります**。

連続の法則

人は連続している形状をグループとして認識しやすい

イメージしやすい　　　イメージしにくい

人は連続したものを1つのグループであると認識するため、バラバラのものはつながっているとは認識しにくくなっています。

⟨ ⟩ 連続の法則によってつながりが明確になる例

メニューバーやインジケーターバーなどは連続の法則により、色や大きさが異なっていても連続した関連情報であると瞬時に理解することができます。

⟨ ⟩ 連続の法則によってスクロール方向が伝わる

スマートフォンの縦長ディスプレイで横スクロールを採用するUIは連続の法則によって直感的に理解できるようになっています。

連続している部分が見えていない場合は横につながっているとは認識できませんが中途半端に一部だけ表示させることで横にスクロールできると認識できるようになります。

類同の法則

色、形、サイズなど類似性によって同じグループと認識する

◯ 類同によるグループ化

色を変えた場合色の類似性で同一グループに分けられます。この類同によるグループ化は色以外にも形状や大きさなどで有効です。

◯ 同じデザインにすることでグループが明確に

左図のように装飾を別のデザインにしてしまうと、すべてのグループが無関係であると判断されてしまいます。

同じ階層・同列の情報をまとめる際は類同の法則を意識し、デザインの装飾を統一して使用することで情報の関係性が一瞬で伝わるデザインになります。

閉合の法則

人は一部の情報から欠けているものを
脳内で補完して認識することができる

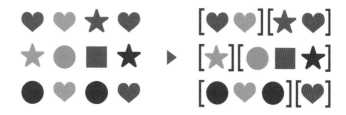

⟨⟩ 欠けている部分を補完して認識することができる

4つのまとまりとして認識する

ただの記号としてしか認識できない

カニッツァの三角形も閉合の法則によるもの

⟨⟩ 閉合の法則を使うことでよりシンプルなデザインが可能に

閉合の法則により、最小限の要素でもオブジェクトを表現することができます。

上図のアイコンのように要素が欠けていたとしても違和感なくオブジェクトの形を
認識することができるからこそ、複雑さを減らし情報量を抑える表現が可能になっ
ています。

共通運命の法則

人は同時に動くものや同じ方向に動くものは
同じグループに所属すると認識する

◌ 共通運命は近接や類同よりも強く作用する

近接や類同により同一グループとみなしていた場合でも、共通運命と競合した場合は共通運命が優先され、動いているものをグループとみなします。

ただし、方向、頻度、速さ、タイミングなど共通する動きの要素が少なければ同じグループとして判断しにくくなります。

◌ 共通する動きによるグループ化

対象箇所が点滅

複数の要素が配置されていて、レイアウトでグループを表現するのが難しい場合でも、同時に動かすことで「動いているものが同じグループである」と瞬時に認識させることができます。

地図とピンのみが動く

逆に動かないものは別のグループだと一瞬で理解できるようになります。

例えば地図をスクロールしたときに地図とピンが同時に動くと、地図とピンは同じグループで、メニューやボタンは別のグループだと直感的に理解できます。

地図とピンが一緒に動かない場合は地図とピンが連動していない状態だと認識することができます。

面積の法則

図形が重なっているとき
面積が小さいものが上にあると認識する

 ▶

イメージしやすい　　　　イメージしにくい

◌ 面積の大きさにより「地」と「図」の関係が変化する

丸が手前に見える

四角が手前に見える

図形の形状が変わっても、面積が小さいほうが手前に見えることに変わりはありません。

ただし、色の違いによって距離感が異なる場合があります。
（P108）

向き合った2人の顔にも壺にも見えるルビンの壺は「地」となる黒色の部分が大きくなるほど壺の部分を「図」として認知しやすくなります。

対称の法則

対称にあるものを同じグループとして認識する
また、相互に関連していると認知しやすい

対称に配置することで左右のグループ、関連性が伝わりやすくなる

出発地と目的地を表す際は対称にレイアウトすることで、「便のグループ」「出発地と目的地の関係」が明確に伝わります。

メッセージアプリなどでは単純に左右対称にするわけではなく、自分と相手の発言を左右に分けて配置することで対話関係が視覚的に伝わります。

対称はバランスが取れているから美しい

対称を美しいと感じる理由はバランスが取れているからです。

厳密に左右対称でなかったとしても左右のバランスさえ取れていれば対称と同じような印象を与えることができます。

シグニファイア

用途をユーザーに伝わりやすくすること
直感的な特徴を持たせることで初めて見るものでもスムーズに利用できる

○ デザインによって適切な用途を伝える

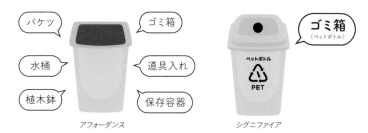

モノと人との関係にはさまざまな可能性があります。この関係性をアフォーダンス
と呼び、**アフォーダンスの方向性を示し適切な用途を伝えるためのデザインをシ
グニファイアと呼びます。**

○ 直感的に操作できる形状にして動作をサポート

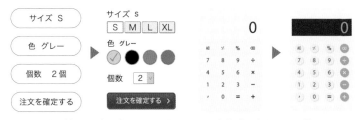

タッチできる箇所にグラデーションや影をつけて立体感を出すことで「押せる」こ
とを伝えることができます。

今までにない新しいものを取り入れる際はシグニファイアを意識してデザインする
ことで初めて見るものでも自然に操作が可能になります。

ヤコブの法則

経験則からくる行動のイメージ
慣れ親しんだルールで作られていれば初めてでも使える

説明書を見なくても
操作ができる

UIデザインを行う際は完全オリジナルのものにせずに他のソフトと似通った共通のデザインにすることで初めて使用するソフトであってもスムーズに操作することができるようになります。

最初にiPhoneが発売された当時はまだユーザーがタッチ操作に慣れていないためシグニファイアを意識したスキューモーフィズムデザインが採用されていましたが、ユーザーがタッチパネルに慣れた現在では装飾を削ぎ落としたフラットデザインが使用されるようになりました。

元の意味は知らなくても過去の経験則によって意味がわかる

本来の意味がわからないシンボルでも経験則からアイコンの意味が伝わります。例えば「フロッピーディスク」や「受話器」といったシンボルの元となったものを見たことがない子供でもデジタル機器に慣れていればアイコンだけで「保存」や「電話」の機能へアクセスすることができます。

奇をてらったデザインではなく、慣れ親しんだデザインを使おう

慣れ親しんだデザインであれば新たに使い方を学習したり、考えたりする労力を必要としないためスムーズでストレスのない利用が可能になります。

逆に斬新なデザインやインターフェースは不必要に新しい情報となってしまい使いにくく、伝わりにくいデザインになってしまいます。

例えばWebサイトのリンクは青文字と認識しているので、リンクの文字色を赤色や緑色にするとリンクとしての意味が伝わらなくなってしまいます。

文字色が青色で下線があるとクリックできるリンクだと判断できます。

プロトタイプ理論と模範理論

人は対象やアイデアをカテゴライズするとき
典型例や類似性、体験から分類を決定する

WEBサイトのカテゴリや階層

ECサイトの商品カテゴリや企業サイトのメニューなど、Webサイトによってさまざまなカテゴライズがあります。

人が部類をイメージするときは**典型例や類似性から推測する**ため、多くのサイトで使用されている定番のカテゴリを使うとスムーズに目的のページに誘導することができます。

定義よりユーザー行動を重視

カテゴライズは必ずしも定義通りにするのではなく、**一般的にイメージされるカテゴリに分類**したほうがユーザーが探しやすくなります。

例えばイチゴやスイカは植物分類学上は「野菜」のカテゴリに分類されますが、スーパーマーケットでは「果物」コーナーに配置されているのが自然です。

厳密な定義で分類するのか、食卓での利用形態で分類するのかは**誰のためのデザインなのか**で判断するのが良いでしょう。

ヴェーバー・フェヒナーの法則

人の感覚は受ける刺激の対数に比例して変化する

◯ 基準となる刺激量によって受ける感覚が異なる

1kgに100g足した時と同じ刺激を得るには10kgの場合1,000g必要

ヴェーバーの実験によって手に持ったおもりの重量を追加していった際の感覚変化をみたとき、感知できる重量は**基礎刺激量に比例する**ことが判明しました。

1kgの重りを持った状態で100g足すと重くなった感覚を得ることができますが、10kgの重りを持っている状態で同程度の刺激を得る場合は100g増加では足りず、1,000gを追加する必要があります。

◯ 変化を表現する場合は比率で考える

人の感覚は元となる値によって鈍感にも敏感にもなります。

変化を表す場合は絶対値ではなく、変化の比率で考えると変化がハッキリと伝わる、わかりやすいUIになります。

フィッツの法則

選択の速さは大きさと距離で決まる
T=a+b log2 (1+D/W)

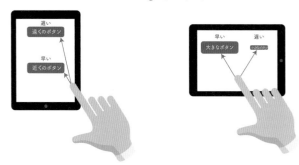

クリックやタップで選択する際は対象の**大きさと距離**に応じて選択までの時間が変化します。

素早い選択ができるインターフェースにするためにも可能な限り対象を大きくして距離を近づけるようにしましょう。

◯ 有効範囲を広くすることで素早く選択することができる

詳しくはこちら

有効範囲が狭い

タッチの有効範囲を実際の見た目よりも広げておくことで多少ズレても入力され、早く押せるようになります。

詳しくはこちら

有効範囲が広い

有効範囲を広くしすぎてしまうと近くの別のものを選択してしまう可能性も上がるので余白は十分に確保するようにしておく必要があります。

◯ ボタンまでの距離を短くする工夫

スマートフォンの場合は画面の下にメニューアイコンを配置することで親指からの距離が近くなり、素早くページ移動することが可能になります。

マウス操作などでは右クリックメニューがカーソルの真横に出るため移動時間が短く、素早く押すことができるようになっており、操作方法に応じて距離を短くする工夫が取り入れられています。

ドハティの閾値

システムの応答時間が0.4秒を超えると
ユーザーの反応速度およびコンバージョン率が著しく下がる

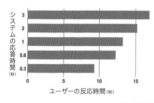

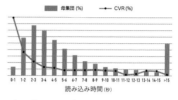

データ引用元：gugel.medium.com　abtasty.com　uxdaystokyo.com

コンピューターの読み込み時間が増えると、ユーザーが次の作業を行うのに支障をきたしコンバージョン率も大きく減少します。

わずか0.1秒の遅延が大きな影響を及ぼすことになるため、Webサイトやアプリケーションの表示は軽量化し高速化する必要があります。

表示に時間がかかる場合はロード表示を挟む

カーソルを回転アイコンに変更

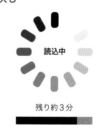

進捗を可視化するバーを表示

振り込みボタンや購入ボタンなどを押した際に数秒以上、画面上に何も変化がない場合ユーザーにストレスがかかります。

短時間で処理を完了できない場合は処理中である旨を視覚的に表示することでストレスなく待つことが可能になります。

進捗状況を表示するようなバータイプは進捗が可視化され安心して待つことができ離脱を防ぐ効果があるのでロード時間が長い場合に効果的です。

グーテンベルク・ダイアグラム

視線は左右に揺れながら左上から斜め下方向に向かって移動する

グーテンベルク・ダイアグラムは視線誘導の強さを4領域に分けたものです。

最初に左上に視線が行き、水平移動を繰り返しながら右下へ向かって視線が移動していきます。

右上および左下は休閑領域となっており、特別な装飾などがない限りは注意が向きにくくなっています。左下の領域は重要な情報の配置には向いていませんが、補足や目立たせる必要のない注意事項などの配置に向いています。

視線の流れをイメージして情報を配置する

重要な情報や目立たせたい情報を左上のエリアに配置し、中心部分でユーザーの興味を引いたあとに終点である右下エリアにCTAボタンなど行動を促したい情報を配置することで効果的かつ読みやすいレイアウトになります。

視線パターンは配置する要素によって変化する

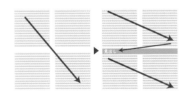

後述する視線パターン含め、視線誘導の法則は全体的な傾向であり、必ずしもパターン通りに読まれるわけではありません。そのため配置する要素によって視線の流れが変化します。

要素の情報量が均一の場合は右下に向かって視線が流れますが、見出しなどで区切ることで視線の流れが変わり休閑領域が狭くなります。

Zの法則

Zの形状の視線パターン

Zパターンはチラシやバナー広告など、すべての情報が一面に表示されているレイアウトや多くの要素が混合するレイアウトに適しています。

初めて使うUIや、見慣れないレイアウトではZの法則が働きやすいので迷ったらZの法則を意識して視線の流れを考えるのがおすすめです。

Zの流れを意識したレイアウト

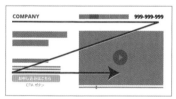 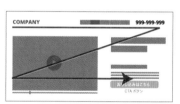

Zの法則を意識してレイアウトする場合は読まれる順番を意識して要素を配置しましょう。左図のように先にCTAボタンが来てしまうとZパターンの流れを阻害してしまう恐れがあります。

個々のブロックを読み込む際にもZパターンが働く

Zの法則は全体だけでなく個々のコンテンツを読み込む際にも働きます。

横書きの場合は複数のZパターンで構成されるイメージでレイアウトすると読みやすくなります。

Fの法則

Fの形状の視線パターン

©Google検索

Fパターンは縦型のスマートフォン用サイトや、縦に長いWebサイトに適しています。

流し読みに適したスタイルで、見出しやタイトルだけを見て、気になった箇所でだけ右側に視線が移動します。

必要な情報にアクセスしやすいため、必要な情報をピックアップして取捨選択する一覧画面や、文章量の多いWebメディアなどに適したレイアウトです。

◯ Fパターンには離脱を防ぐ施策が効果的

固定CTAなし

固定CTAあり

Fの法則による流れでは**下方へ移動すればするほど離脱率が上がっていく**ため視線の終点だけでなく、固定型の追従バーなどで重要な情報や行動を促すCTAボタンを配置するのが効果的です。

常に表示させると表示領域が狭くなり、コンテンツの妨げになってしまうデメリットもあるのでバランスに注意しながら視線誘導を行いましょう。

Nの法則
N形状の視線パターン

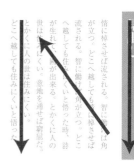

Nパターンは縦書きレイアウトや右開きの本や雑誌などに適しています。

横書きの場合はZやF方向に視線が移動する傾向が強いですが、縦書きの場合はNパターンが適している場合が多いので縦書きテキストを使用する際はNの法則を意識してレイアウトしてみてください。

◯ Nパターン採用の際はスタートの視線誘導を強めに

左上はZやFパターンのように、視線を集める力が強いため最初の視線が左上に逸れてしまうことがあります。

最初の視線が右上に行くように**右上の要素を強調**しておくことで脳がスムーズにNパターンに移行できます。

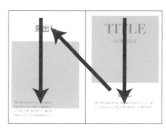

Nパターンは主に縦書きに使用されますが、ビジュアルメインの雑誌などテキストが少なめのレイアウトなどにも向いています。

この場合も右上を強調して最初の視点をキャッチするとスムーズにNパターンに移行させることができます。

\\ やってはいけない //
心理学を悪用したデザイン

心理学は広告と相性が良く、消費者の認知を歪め行動を変化させる手法が多用されています。デザイナーやマーケターには消費者の心理を操り売上を伸ばすことが求められますが、その手法は心理学の悪用になっていないでしょうか?

心理学を用いたデザインで絶対にやってはいけないのが「**虚偽によって認知バイアスを引き起こす行為**」と「**法律に違反した行為**」です。

悪用なんてしないと思っている人でもついついやってしまいがちな心理効果を用いたデザインを紹介します。

◌ 虚偽によって認知バイアスを引き起こす行為

サイズS / 残り1点
¥9,800
カートに入れる

サイズM / 残り1点
¥9,800
カートに入れる

宿泊プラン
スーペリアキングルーム　豪華ディナー&朝食ブッフェ
ポイント20倍　食事付き
2023年9月12日　1部屋　大人2名
チェックイン：15:30〜　チェックアウト：〜10:00
宿泊料金 62,570円　予約する
現在12人がこのプランを見ています

スノッブ効果やデッドライン効果を使い期間や個数をわずかにすることによって焦りを生む手法は売上を伸ばすのに有効な手法です。

しかし、在庫数が多いにもかかわらず「残り1つ」と表記したり、バンドワゴン効果を狙って現在12人のお客様が見ていますとランダムに閲覧者数を表示したりするといった**虚偽によって人を操る悪質な手法**が横行しています。

◌ ユーザーを誤解させる行為

推奨オプション
☑ 製品保証を申し込む（月額480円）
☑ プレミアムサポートを申し込む（月額390円）
☑ 紛失・盗難保険を申し込む（月額500円）
※ オプションサービスが不要な方はチェックを外してください

残りわずか
¥129,000
カートに入れる

残りわずか
¥164,000
カートに入れる

デフォルト効果や見落としを狙って「不要なオプションをチェック状態にしておく」といったものや、在庫数が10個あるにもかかわらず「残りわずか」と曖昧な表現で**狙って誤解させる手法**もあります。

◌ 景品表示法違反

実際に販売している価格は3万円にもかかわらず、アンカリング効果を使用するために定価を30万円に設定し、常時90%OFFで販売する行為や「期間限定のセール」としながら終了日の翌日には次のセールを開催しているといった疑似セール。このような有利誤認は行政処分の対象となります。

◌ 薬機法違反

薬機法では認証を受けていないものについて、その名称、製造方法、効能、効果または**性能に関する広告をしてはならない**と定められています。医薬品として承認を受けていない健康食品の広告に「がんを予防する」と表示したり、化粧品の広告に「シミが消える」といった表現を使用したりすることはできません。

また、効果を証明するデータがないにもかかわらず効果があるかのようにうたった誇大広告も違反であり罰則の対象となります。

◌ 心理効果はルールやモラルを守って利用しよう

ルールを守るのはもちろんですが、ユーザーを騙すような行為は信頼を失います。ビジネスを継続していくのであれば目先の利益にとらわれずユーザーの立場になって信頼を損なわないような利用を推奨します。心理効果はルールやモラルを守って利用しましょう。

参考文献

ファスト＆スロー あなたの意思はどのように決まるか
ダニエル・カーネマン
早川書房

影響力の武器 [第三版]
ロバート・B・チャルディーニ
誠信書房

予想どおりに不合理―行動経済学が明かす「あなたがそれを選ぶわけ」
ダン・アリエリー
早川書房

誰のためのデザイン？ 増補・改訂版 ―認知科学者のデザイン原論
D. A. ノーマン
新曜社

[買わせる] の心理学 消費者の心を動かすデザインの技法 61
中村 和正
エムディエヌコーポレーション

Design Rule Index 要点で学ぶ、デザインの法則 150
William Lidwell、Kritina Holden、Jill Butler、郷司陽子 (翻訳)
ビー・エヌ・エヌ新社

失敗の科学 失敗から学習する組織、学習できない組織
マシュー・サイド
ディスカヴァー・トゥエンティワン

ザ・ダークパターン ユーザーの心や行動をあざむくデザイン
仲野 佑希
翔泳社

インタフェースデザインの心理学 第 2 版 ―ウェブやアプリに新たな視点をもたらす 100 の指針
Susan Weinschenk
オライリージャパン

UX デザインの法則 ―最高のプロダクトとサービスを支える心理学
Jon Yablonski
オライリージャパン

現代広告の心理技術 101
ドルー・エリック・ホイットマン
ダイレクト出版

心理学ビジュアル百科：基本から研究の最前線まで
越智 啓太
創元社

情報を正しく選択するための認知バイアス事典
情報文化研究所
フォレスト出版

人を動かす
D・カーネギー
創元社

P26

https://academic.oup.com/scan/article/1/2/95/2362814

Dean Mobbs; Nikolaus Weiskopf; Hakwan C. Lau; Eric Featherstone; Ray J. Dolan; Chris D. Frith. (2006). "The Kuleshov Effect: The influence of contextual framing on emotional attributions" Social Cognitive and Affective Neuroscience. 1: 95-106.

P27

Charpentier,A. (1891). "Analyse expérimentale: De quelques élèments de la sensation de poids [Experimental study of some aspects of weight perception]". Archieves de Physiologie Normales et Pathologiques 3: 122-135.

P28

Brownlow, S. (1992). "Seeing is believing: Facial appearance, credibility,and attitude change. "Journal of Nonverbal Behavior, 16, 101-115.

P29

Thorstein Veblen.(1994). "The Theory of the Leisure Class".Dover Publications.

P30

Thorndike, E. L. (1920). "A constant error in psychological ratings". Journal of Applied Psychology. 4 (1): 25-29.

P33

Chris Moore., Philip J. Dunham,(1995). "Joint Attention: Its Origins and Role in Development". Psychology Press.

P34

橋本由里, 宇津木成介. "ヒトの視線と矢印記号による視覚的注意喚起" 人間工学. 41(6). 2005. 337-344.

P37

H. Leibenstein. "Bandwagon, Snob, and Veblen Effects in the Theory of Consumers' Demand Get access Arrow". The Quarterly Journal of Economics, 64, Issue 2,(1950),183-207.

P38

Boswell,Wendy R., Boudreau,John W. (2005). "The relationship between employee job change and job satisfaction: the honeymoon-hangover effect". Journal of Applied Psychology. 90 (10): 90(5): 882-92.

P39

Huber,Joel., Payne,John W., Puto, Christopher. (1982). "Adding Asymmetrically Dominated Alternatives: Violations of Regularity and the Similarity Hypothesis". Journal of Consumer Research 9 (1): 90-98.

P41

Aronson, Elliot., Linder, Darwyn. (1965-05). "Gain and loss of esteem as determinants of interpersonal attractiveness". Journal of Experimental Social Psychology. 1 (2), 156-171.

P43

H. Leibenstein. (1950). "Bandwagon, Snob, and Veblen Effects in the Theory of Consumers'Demand". The Quarterly Journal of Economics, Vol.64, No.2, 183-207.

P44

Koffka, Kurt. (1935). "Principles of Gestalt Psychology". London: Kegan Paul, Trench, Trübner & Co. 334-.

P46

Arkes, H. R., & Ayton, P. (1999). "The sunk cost and Concorde effects: Are humans less rational than lower animals? " Psychological Bulletin, 125(5), 591-600.

P47

"Harnessing the Power of Stories" Stanford University. https://womensleadership.stanford.edu/resources/voice-influence/harnessing-power-stories (参照 2022-12-26)

P48

グロービズ経営大学院. https://mba.globis.ac.jp/about_mba/glossary/detail-20807.html （参照 2022-12-26)

P49

Weingarten E, Chen Q, McAdams M, Yi J, Hepler J, Albarracin D. (2016). "From primed concepts to action: A meta-analysis of the behavioral effects of incidentally presented words". Psychological Bulletin. 142 (5): 472-97.

P50

Ni, Feng., Arnott, David., Gao, Shijia. (2019). "The anchoring effect in business intelligence supported decision-making". Journal of Decision Systems. 5 (2): 1001-1021.

Yasseri, Taha; Reher, Jannie (2022). "Fooled by facts: quantifying anchoring bias through a large-scale experiment". Journal of Computational Social Science. 5: 1001-1021.

P51

Erwin Ephron. (2006). "Media Planning - From Recency to Engagement". DGM Icfai Books.

P52

Zajonc, Robert B. (1968)."Attitudinal effects of mere exposure". Journal of Personality and Social Psychology. 9 (2, Pt.2): 1-27.

P53

DLTK's Crafts for Kids. "The Story of Goldilocks and the Three Bears" https://www.dltk-teach.com/rhymes/goldilocks_story.htm (参照 2022-12-26)

P55

Kahneman, Daniel.,& Tversky,Amos. (1979) "Prospect Theory: An Analysis of Decision under Risk". Econometrica, The Econometric Society. Vol.47, No.2, 263-291.

P57

Joseph C. Nunes and Xavier Dreze. (2006). "The endowed progress effect: How artificial advancement increases effort". Journal of Consumer Research. 32 (4): 504-512.

P58

Kahneman, Daniel. (1999). "Objective Happiness." In Kahneman, Daniel., Diener, Ed. and Schwarz, Norbert. (eds.). Well-Being: The Foundations of Hedonic Psychology. New York: Russel Sage.3-25.

P59

Stroop, J.R.(1935). "Studies of interference in serial verbal reactions". Journal of Experimental Psychology, 28, 643-662.

P60

Dawson LL. (1999). "When Prophecy Fails and Faith Persists: A Theoretical Overview". Nova Religio. 3 (1): 60-82.

Festinger L. (1962). "Cognitive dissonance". Scientific American. 207 (4): 93-102.

P61

Regan, Dennis T. (1971). "Effects of a favor and liking on compliance". Journal of Experimental Social Psychology. 7 (6): 627-639.

Cialdini, R.B., Vincent, J.E., Lewis, S.K., Catalan, J., Wheeler, D., Darby, B. L. (1975). "Reciprocal concessions procedure for inducing compliance: the door-in-the-face technique". Journal of Personality and Social Psychology. 31 (2): 206-215.

P62

McCarney, R., Warner, J., Iliffe, S., van Haselen, R., Griffin, M., Fisher, P. (2007). "The Hawthorne Effect: a randomised, controlled trial". BMC Med Res Methodol.

Fox, NS., Brennan, JS., Chasen, ST. (2008). "Clinical estimation of fetal weight and the Hawthorne effect". Eur. J. Obstet. Gynecol. Reprod. Biol. 141 (2): 111-114.

Feldman, Robert S., Prohaska, Thomas. (1979). "The student as Pygmalion: Effect of student expectation on the teacher". Journal of Educational Psychology. 71 (4): 485-493.

P63

Lorenzen, Janet A. (2015). "Diderot Effect". The Wiley Blackwell Encyclopedia of Consumption and Consumer Studies. p.1.

P65

Bronkhorst, Adelbert W. (2000). "The Cocktail Party Phenomenon: A Review of Research on Speech Intelligibility in Multiple-Talker Conditions". Acta Acustica United with Acustica. 86(1): 117-128.

P66

Ross L., Greene D. & House, P. (1977). "The false consensus effect: An egocentric bias in social perception and attribution processes". Journal of Experimental Social Psychology. 13, 279-301.

P67

Dutton, D.G., Aron, A. P. (1974). "Some evidence for heightened sexual attraction under conditions of high anxiety". Journal of Personality and Social Psychology. 30 (4): 510-517.

White, G., Fishbein, S., Rutsein, J. (1981). "Passionate love and the misattribution of arousal". Journal of Personality and Social Psychology. 41: 56-62.

Schachter, S., Singer, J .(1962). "Cognitive, social, and physiological determinants of emotional state". Psychological Review. 69 (5): 379-399.

P68

Tulving, Endel., Donald Thomson. (1973). "Encoding specificity and retrieval processes in episodic memory". Psychological Review. 80 (5): 352-373.

P69

Thalmann, Mirko., Souza, Alessandra S., Oberauer, Klaus. (2019). "How does chunking help working memory? ". Journal of Experimental Psychology: Learning, Memory, and Cognition. 45 (1): 37-55.

P70

Junhan Kim, Selin A. Malkoc, Joseph K Goodman,(2022). "The Threshold-Crossing Effect: Just-Below Pricing Discourages Consumers to Upgrade"Journal of Consumer Research, 48, Issue 6,1096-1112.

P71

Hamilton, Rebecca., Thompson, Debora., Bone, Sterling., Chaplin, Lan Nguyen., Griskevicius, Vladas., Goldsmith, Kelly., Hill, Ronald., John, Deborah Roedder., Mittal, Chiraag., O'Guinn, Thomas., Piff, Paul. (2019). "The effects of scarcity on consumer decision journeys". Journal of the Academy of Marketing Science. 47 (3): 532-550.

P72

Morris Altman.(2017). "Handbook of Behavioural Economics and Smart Decision-making: Rational Decision-making Within the Bounds of Reason" . Edward Elgar Pub. 155-156.

P73

Morewedge, Carey K., Giblin, Colleen E. (2015). "Explanations of the endowment effect: an integrative review". Trends in Cognitive Sciences. 19 (6): 339-348.

Weaver, R., Frederick, S. (2012). "A Reference Price Theory of the Endowment Effect". Journal of Marketing Research. 49 (5): 696-707.

Kahneman, Daniel., Knetsch, Jack L., Thaler, Richard H. (1990). "Experimental Tests of the Endowment Effect and the Coase Theorem". Journal of Political Economy. 98 (6): 1325-1348.

P74

Ellen Langer., Arthur E. Blank., Benzion Chanowitz. "The mindlessness of ostensibly thoughtful action: The role of "placebic" information in interpersonal interaction". (1978) Journal of Personality and Social Psychology. 36(6).635-642.

P75

Ringelmann, M. (1913) "Recherches sur les moteurs animés: Travail de l'homme" [Research on animate sources of power: The work of man], Annales de l'Institut National Agronomique, 2nd series,12,1-40.

P76

Hick, W. E., Bates, J. A. V. (1949). "The Human Operator of Control Mechanisms". Inter-departmental Technical Committee on Servo Mechanisms, Great Britain, Shell Mex House: 37.

Hick, W. E. (1952). "On the rate of gain of information". Quarterly Journal of Experimental Psychology. 4 (1): 11-26.

Welford, A. T. (1975). "Obituary: William Edmund Hick". Ergonomics. 18 (2): 251-252.

Iyengar, S. S., & Lepper, M. R. (2000). When choice is demotivating: Can one desire too much of a good thing? Journal of Personality and Social Psychology, 79(6), 995-1006.

P77

Meyers - Levy, Joan., Zhu, Rui (Juliet)., Jiang, Lan. (2010). "Context Effects from Bodily Sensations: Examining Bodily Sensations Induced by Flooring and the Moderating Role of Product Viewing Distance". Journal of Consumer Research. 37 (1): 1-14.

Jerome Bruner and Leigh Minturn, "Perceptual Identification and Perceptual Organization," The Journal of General Psychology: 53(1), 21-28, 1955.

P80-81

Anderson, L. Barton. (2003). "Perceptual organization and White's Illusion" . Perception. 32 (3): 269-284.

P84

Perceptual Science Group @ MIT.　http://persci.mit.edu/gallery/checkershadow　(参照 2022-12-26)
http://persci.mit.edu/people/adelson/checkershadow_illusion　(参照 2022-12-26)

P85

Weingarten E, Chen Q, McAdams M, Yi J, Hepler J, Albarracin D (2016). "From primed concepts to action: A meta-analysis of the behavioral effects of incidentally presented words". Psychological Bulletin. 142 (5): 472-97.

P86

"Neon Color Spreading Effect". The Visual Perceptions Lab. July 11, 2003. Retrieved December 6, 2013.

H. F. J. M. van Tuijl, E. L. J. Leeuwenberg. (1979). "Neon color spreading and structural information measures". Perception & Psychophysics: Vol.25, no. 4. : 269-284.

P87

Fraser J. (1908). "A New Visual Illusion of Direction". British Journal of Psychology. 2(3): 307-320.

P88

Ratliff, Floyd. (1965). "Mach bands: quantitative studies on neural networks in the retina". Holden-Day. ISBN 9780816270453.

P89

Gallica. https://gallica.bnf.fr/ark:/12148/bpt6k151955/f687.table （参照 2022-12-26）

F. Zoellner. (1860). "Ueber eine neue Art von Pseudoskopie und ihre Beziehungen zu den von Plateau und Oppel beschriebenen Bewegungsphaenomenen". Annalen der Physik, 186, 7, 500-523.

P90

Kanizsa, G. (1955). "Margini quasi-percettivi in campi con stimolazione omogenea". Rivista di Psicologia, 49 (1): 7-30.

P91

Hermann L . (1870). "Eine Erscheinung simultanen Contrastes". Pflugers Archiv fur die gesamte Physiologie des Menschen und der Tiere. 3: 13-15.

P92

Mueller-Lyer, FC. (1889). "Optische Urteilstauschungen". Archiv fur Anatomie und Physiologie, Physiologische Abteilung.263-270.

Brentano, F (1892). "uber ein optisches Paradoxon". Zeitschrift fur Psychologie Und Physiologie Der Sinnesorgane.3: 349-358.

Muller-Lyer, FC (1894). "uber Kontrast und Konfluxion". Zeitschrift fur Psychologie. 9: 1-16.

P93

M.de Montalembert,& P.Mamassian,(2010). "The Vertical-Horizontal Illusion in Hemi Spatial Neglect".Neuropsychologia, 48(11), 3245-51.

P94

森川和則(2012)."顔と身体に関連する形状と大きさの錯視研究の新展開：化粧錯視と服装錯視" 心理学評論. 55：348-361.

P95

Delboeuf, Franz Joseph. (1865). "Note sur certaines illusions d'optique: Essai d'une théorie psychophysique de la manière dont l'oeil apprécie les distances et les angles.". Bulletins de l'Académie Royale des Sciences, Lettres et Beaux-arts de Belgique 19(2): 195-216.

P96

M.A.Goodale., & A.D.Milner. (1992). "Separate pathways for perception and action". Trends in Neuroscience 15 (1): 20-25.

P97

Ponzo, M. (1911). "Intorno ad alcune illusioni nel campo delle sensazioni tattili sull'illusione di Aristotele e fenomeni analoghi". Archives Italiennes de Biologie.

Tapan Gandhi, Amy Kali, Suma Ganesh, and Pawan Sinha. (2015). "Immediate susceptibility to visual illusions after sight onset" Curr Biol. 25(9): 358-359.

P98

Deregowski J, McGeorge P. (2006). "Oppel-Kundt illusion in three-dimensional space". Perception, 35(10),1307-1314.

P99

吉岡 徹, 市原 茂, 須佐見 憲史(1993)"ヘルムホルツの正方形における幾何学的錯視". デザイン学研究. 40(1). 1-4.

P100

『要点で学ぶ、色と形の法則150』名取和幸著,竹澤智美著,日本色彩研究所監修　ビー・エヌ・エヌ新社(2020/7/21)

P101

Jastrow, Joseph. (1892). "Studies from the Laboratory of Experimental Psychology of the University of Wisconsin. II". The American Journal of Psychology. 4 (3): 381-428.

P102

"iceinspace". https://www.iceinspace.com.au/forum/showthread.php?t=129981（参照 2022-12-26）

P103

Frederick A A Kingdom 1, Ali Yoonessi, Elena Gheorghiu, (2016).　"The Leaning Tower illusion: a new illusion of perspective". Perception. 36, 3.

P104

"Color Assimilation Grid Illusion" https://www.patreon.com/posts/color-grid-28734535 （参照 2022-12-26）

P105

"Illusion and color perception" http://www.psy.ritsumei.ac.jp/~akitaoka/shikisai2005.html

（参照 2022-12-26）

P115

A Case of Chromesthesia Invested in 1905 and Again in 1912 From H. S. Langfeld:Psychol. Bull.. 1914 pp. 11, 113. 'The notes of the musical scale are associated with images of very constant colors.

P116

奥田紫乃 (2012) "色と香りから予想される緑茶の味と美味しさ" 日本調理科学会大会研究発表要旨集 24 (0), 168-.

P117

坂井信之 "他の感覚が嗅覚知覚に及ぼす影響" におい・かおり環境学会誌, 37, 6, 431-436.

M Luisa Demattè, Daniel Sanabria, Charles Spence. (2006) "Cross-Modal Associations Between Odors and Colors" Chemical Senses, Volume 31, Issue 6, 531-538.

P133

Fechner, Gustav Theodor. (1966). [First published .1860]. Howes, D H; Boring, E G (eds.). "Elements of psychophysics [Elemente der Psychophysik]". Vol.1. Translated by Adler, H E. United States of America: Holt, Rinehart and Winston.

P134

Fitts, Paul M. (1954). "The information capacity of the human motor system in controlling the amplitude of movement". Journal of Experimental Psychology. 47 (6): 381-391.

P135

"The Economic Value of Rapid Response Time" https://jlelliotton.blogspot.com/p/the-economic-value-of-rapid-response.html (参照 2022-12-26)

"Computer World Magazine", June 1984

P136

Colin Wheildon. (1995). "Type & Layout: How Typography and Design Can Get Your Message Across or Get in the Way", Strathmoor Press."boston/com News" Edmund Arnold; journalist changed look of newspapers. http://archive.boston.com/news/globe/obituaries/articles/2007/02/10/edmund_arnold_journalist_changed_look_of_newspapers/ (参照 2022-12-26)

本書内容に関するお問い合わせについて

このたびは翔泳社の書籍をお買い上げいただき、誠にありがとうございます。弊社では、読者の皆様からのお問い合わせに適切に対応させていただくため、以下のガイドラインへのご協力をお願い致しております。下記項目をお読みいただき、手順に従ってお問い合わせください。

●ご質問される前に

弊社 Web サイトの「正誤表」をご参照ください。これまでに判明した正誤や追加情報を掲載しています。

正誤表　https://www.shoeisha.co.jp/book/errata/

●ご質問方法

弊社 Web サイトの「刊行物 Q&A」をご利用ください。

刊行物 Q&A　https://www.shoeisha.co.jp/book/qa/

インターネットをご利用でない場合は、FAX または郵便にて、下記 " 翔泳社 愛読者サービスセンター " までお問い合わせください。
電話でのご質問は、お受けしておりません。

●回答について

回答は、ご質問いただいた手段によってご返事申し上げます。ご質問の内容によっては、回答に数日ないしはそれ以上の期間を要する場合があります。

●ご質問に際してのご注意

本書の対象を越えるもの、記述個所を特定されないもの、また読者固有の環境に起因するご質問等にはお答えできませんので、予めご了承ください。

●郵便物送付先および FAX 番号

送付先住所　〒160-0006　東京都新宿区舟町 5
FAX 番号　　03-5362-3818
宛先　　　　（株）翔泳社 愛読者サービスセンター

著者プロフィール

321web（三井将之） （みついうぇぶ みついまさゆき）

PREATE 株式会社 代表取締役社長
デザイン関係のブログ「321web」を運営。閲覧回数は年間約 300 万 PV。
ブログでは初心者にもわかりやすいようにデザインや Adobe ソフトの使い方を中心に情報を発信。

https://321web.link

装丁・本文デザイン　321web（三井将之）

サクッと学べるデザイン心理法則 108

2023 年 2 月　6 日 初版第 1 刷発行
2024 年 5 月 10 日 初版第 4 刷発行

著者　　　　　321web（三井将之）
発行人　　　　佐々木 幹夫
発行所　　　　株式会社 翔泳社 （https://www.shoeisha.co.jp）
印刷・製本　　株式会社広済堂ネクスト

ISBN978-4-7981-7577-5
Printed in Japan